国家自然科学基金面上项目（51874124、52274189）
河南省科技攻关项目（212102310007）
河南省高校科技创新人才支持计划（22HASTIT012）

固态离子液体/氨基酸作用下 CO_2和CH_4水合物生成特性

王兰云 著

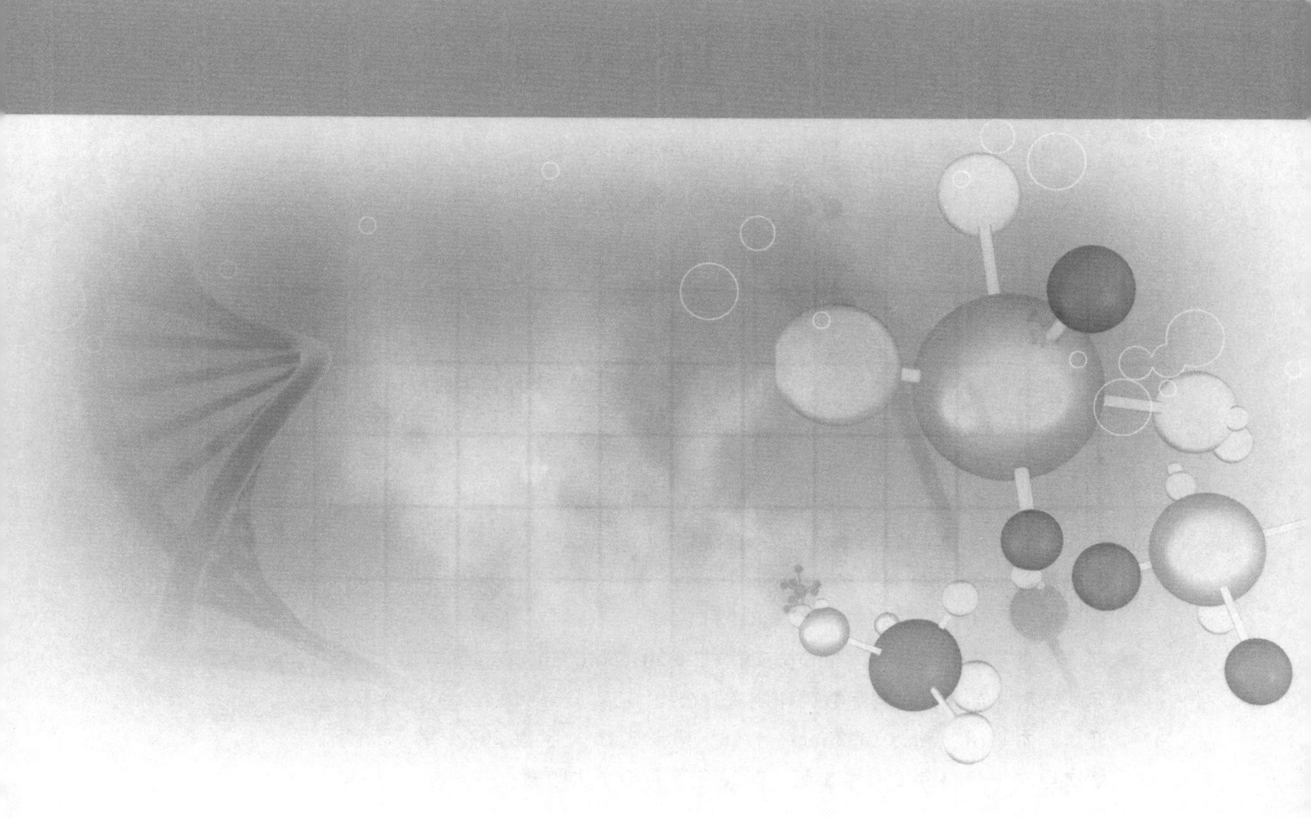

中国矿业大学出版社
·徐州·

内容简介

本著作探讨了季膦类、季胺类、杂环类室温固态离子液体和部分氨基酸作用下的 CO_2 和 CH_4 水合物生成规律，分析了添加剂浓度和分子结构对气体水合物形成的相平衡温度、诱导时间、气体消耗量、气体消耗速率、水合物转化率等参数的影响，阐释了搅拌法与喷雾法对气体水合物形成的热动力学强化机理，并创新性地研究了荷电喷雾对 CO_2 水合物形态结构和热动力学特性的影响机制。全书内容丰富、层次清晰、论述有据，具理论性和实用性。

本书可供安全工程及相关专业的科研与工程技术人员参考。

图书在版编目(CIP)数据

固态离子液体/氨基酸作用下 CO_2 和 CH_4 水合物生成特性/王兰云著. 一徐州：中国矿业大学出版社，2023.2

ISBN 978-7-5646-5720-8

Ⅰ. ①固… Ⅱ. ①王… Ⅲ. ①瓦斯利用一实验一研究 Ⅳ. ①TD712

中国国家版本馆 CIP 数据核字(2023)第 028568 号

书　　名　固态离子液体/氨基酸作用下 CO_2 和 CH_4 水合物生成特性
著　　者　王兰云
责任编辑　王美柱　于世连
出版发行　中国矿业大学出版社有限责任公司
（江苏省徐州市解放南路　邮编 221008）
营销热线　(0516)83884103　83885105
出版服务　(0516)83995789　83884920
网　　址　http://www.cumtp.com　**E-mail**：cumtpvip@cumtp.com
印　　刷　苏州市古得堡数码印刷有限公司
开　　本　787 mm×1092 mm　1/16　**印张** 7.75　**字数** 203 千字
版次印次　2023 年 2 月第 1 版　2023 年 2 月第 1 次印刷
定　　价　38.00 元

前　言

煤矿抽采瓦斯是含有丰富甲烷(CH_4)的非常规天然气。我国煤层抽采瓦斯浓度普遍较低,CH_4体积分数涵盖了瓦斯爆炸极限范围(5%～16%)且含有一定体积比的氧气(O_2)。因此,低浓度瓦斯的输送和利用过程存在爆炸危险性。不仅如此,低浓度瓦斯利用难度较大,除少量被用来进行试验性浓缩提纯和内燃式发电外,大量低浓度瓦斯被直接排放到大气中,从而造成严重的能源浪费和大气温室效应。低浓度瓦斯大量直接排放不符合能源产业绿色安全发展要求。

提高抽采瓦斯中CH_4浓度、加深抽采瓦斯利用程度是解决这一问题的关键。二氧化碳(CO_2)驱替方法可显著提高抽采瓦斯浓度,但会使抽采瓦斯中不可避免地掺入CO_2气体。CO_2的存在不仅会降低瓦斯燃烧热值,还有可能引发设备腐蚀、瓦斯储存容器和输送管道冻堵破裂等问题,从而导致瓦斯泄漏甚至发生爆炸事故。

因此,寻求高效、绿色的低浓度瓦斯分离和储运技术,对于提高煤矿瓦斯利用率、降低瓦斯利用过程爆炸风险、改善我国能源结构等具有重大现实意义。而环境友好、成本经济、安全高效的分离提纯方法是矿井低浓度瓦斯工业化利用的关键。

气体水合物法是可以实现低浓度瓦斯"分离+储运"的一站式解决方法。该方法根据瓦斯各组分合成气体水合物的相平衡条件差异,通过控制气相压力和温度,将相平衡压力较低和/或相平衡温度较高的CO_2首先转变为水合物,再通过改变温压条件将CH_4与其他气体(N_2、O_2等)分离,从而实现提纯瓦斯中CH_4气体的目的。后续可直接将CH_4气体以稳定的固态水合物形态储存和运输。该方法成本低、能耗低、储气密度大,分离过程在低温水相中进行,分离过程较为安全,具有较好的发展前景。尽管如此,纯水体系中部分气体水合物形成的热力学条件较为苛刻、诱导时间长且生长速率慢。寻找绿色无毒、易回收的化学添加剂,辅以恰当的物理促进方法是提高低浓度瓦斯分离效率的优选途径。

本书探讨了季膦类、季胺类、杂环类室温固态离子液体和部分氨基酸作用下的CO_2和CH_4水合物生成规律,分析了添加剂浓度和分子结构对气体水合物形成的相平衡温度、诱导时间、气体消耗量、气体消耗速率、水合物转化率等参数的影响;阐释了搅拌法与喷雾法对气体水合物形成的热动力学强化机理;并创新性地研究了荷电喷雾对CO_2水合物形态结构和热动力学特性的影响机制。研究结果显示,阳离子芳香度、杂原子个数、取代链长、阴离子电荷分布等均是影响气体水合物形成的结构性因素。阳离子的烷烃取代链越长越有利于 CO_2 水合物成核，六元杂环阳离子比五元杂环阳离子的促进效果更佳；杂原子个数越少越有利于 CO_2 水合物形成和生长；不含不饱和键的较稳定的哌啶结构作为阳离子时，对 CO_2 水合物形成热动力学过程具有明显的双重促进作用。相比搅拌法，喷雾法合成气体水合物的热力学条件更为缓和，耗气量更多，在喷雾中添加 $[N_{4444}]$Br 和 $[P_{4444}]$Br 促进剂将显著加快 CO_2 水合物形成并提高总耗气量。

本书研究工作得到了国家自然科学基金面上项目“相变离子液体水溶液-水合物法捕集分离 $H_2S/CO_2/CH_4$ 的双效协同作用及热-动力学激励机制”（项目编号：51874124）、国家自然科学基金面上项目“自保护效应对瓦斯水合物力学损伤和燃爆特性影响机制”（项目编号：52274189）、河南省科技攻关项目“低浓度瓦斯水合物法安全输送关键技术”（项目编号：212102310007）、河南省高校科技创新人才支持计划“瓦斯水合物储运风险控制理论研究”（项目编号：22HASTIT012）等项目的大力支持，在此表示感谢！

由于笔者水平所限，书中不足之处在所难免，恳请读者批评指正！

著　者

2022 年 12 月

目　录

1 绪 论

1.1 研究背景

能源安全稳定供应是一个国家强盛的保障和安全的基石。我国油气对外依存度持续上升，能源安全面临严峻挑战。2020 年我国电力结构中燃煤发电量占比大于60%。煤炭具备适应我国能源需求变化的开发能力，具有开发利用的成本优势；煤炭清洁高效转化技术经过2005 年以来的“技术示范”“升级示范”已趋于成熟，具备短期内形成大规模油气接续能力的基础。因此，应当充分发挥煤炭在平衡能源结构中的作用，推进煤炭与油气耦合发展，保障我国能源安全。矿井抽采瓦斯的主要成分为 CH_4，是一种优质高效的清洁能源。按照国家“十四五”能源规划及“30・60”碳排放目标，我国将逐步提高天然气在一次能源消耗中的比例。煤层中蕴含的大量瓦斯气体可作为天然气的有效补充形式，从而进一步优化我国能源结构。

中国大多数煤层存在渗透性差、埋藏深等问题，从而导致瓦斯抽采难度较高。而采用 CO_2 驱替法向煤层中注入 CO_2 可以置换出附着于煤基质中的 CH_4 气体，提高瓦斯抽采率。《煤矿安全规程》规定“抽采的瓦斯浓度低于 30%时，不得作为燃气直接燃烧；进行管道输送、瓦斯利用或者排空时，必须按有关标准的规定执行，并制定安全技术措施”。该规定取消了对低浓度瓦斯利用的限制，低浓度瓦斯的利用已成为瓦斯利用的重点。不少学者正进行低浓度瓦斯（尤其是浓度在 1%～4%的 CH_4）燃烧氧化技术的研究[1-4]，并取得了重大进展，其中提高瓦斯质量并稳定 CH_4 浓度成为研究的重点内容。随着瓦斯浓缩、氧化燃烧、掺混燃烧等突破性技术的发展，煤矿抽采瓦斯在发电、制热、甲醇合成等方面的应用成效日益显著。

输送系统是瓦斯利用过程中极其重要的工艺环节，它的配置是否合理，运行是否安全可靠，直接关系到设备机组的正常运行和瓦斯抽采系统的安全。而低浓度瓦斯中 CO_2 气体组分会直接影响瓦斯气体输运和利用。我国个别矿区煤层中 CO_2 含量及浓度极高，浓度可达 58.8%～86.72%[5]。而利用 CO_2 驱替出的瓦斯中或多或少也存在 CO_2。CO_2 不仅会降低瓦斯燃烧热值[6]，在低温环境下还易引发瓦斯处理装置冻堵，造成装置停车甚至设备损坏；此外，CO_2 对输送管道的腐蚀性较强，特别是高压输送时腐蚀情况更为严重[7]。输送管网一旦发生管道、阀门等设施破损，瓦斯气体将迅速泄漏并扩散，短时间内受灾范围扩大。

因此，在低浓度瓦斯储运和利用前，有必要分离 CO_2 与 CH_4，提高储运安全性和利用效率。

考虑低浓度瓦斯的爆炸危害，相比变压吸附法、冷冻胺法、膜分离法和膜基吸收法等技术[8-11]，液态吸收系统更有利于防止低浓度瓦斯浓缩过程中因 CH_4 浓度逐渐增加而引发的爆炸危险。而且溶剂吸收法通常规模大、能耗低，具有较高的研究和开发潜力。但吸收剂的选择则需考虑高效、低腐蚀、低能耗以及性能稳定等因素。常用的碱性溶液（如氨水、热钾碱溶液、MEA、DEA、MDEA 和哌嗪等水溶液）对 CO_2 和 H_2S 的吸收率较高，但多数溶液存在高挥发、强腐蚀、易污染待分离气体、再生能耗大等缺陷[12-18]。因而，低成本的绿色捕集与分离成为低浓度瓦斯提浓纯化的关键技术之一。

不仅如此，由于大多数煤矿对抽采瓦斯还未实现随采随用，抽采出的瓦斯需要经长输管道或液化后装罐送至利用终端，而这两种输送方式均存在较高的火灾爆炸风险。常温常压下瓦斯爆炸极限范围为 5%～16%。而浓度为 3%～30%的低浓度瓦斯在利用过程中，若发生管道和容器破裂与腐蚀，则易导致气体泄漏事故，不仅造成资源浪费，还有可能引发爆炸。

气体水合物储运技术是将气体以固态水合物的形式进行储存和运输的新方法。有报道显示，水合物输送比液化输送费用减少 25%，生产费用减少 36%，具有较好的经济性[19]。日本 Mitsui 造船工程公司和韩国工业技术研究所均采用自主研发的水合物造粒系统成功合成了颗粒状天然气水合物，初步实现了天然气固态储运的工业化[20]。相比气态和液态储运，水合物储运占据空间小、气体泄放速率较慢，因此其燃爆风险可控程度高。将气体水合物技术用于处理煤矿抽采瓦斯，不仅能够有效分离 CH_4 与其他气体组分（特别是 N_2 和 O_2）[21-22]，还可实现瓦斯气体的固态储运。该技术有望成为“一站式”解决煤矿抽采瓦斯“提浓＋储运”难题的安全、绿色新途径。

1.2　气体水合物法吸收分离气体研究进展

1.2.1　气体水合物简介

气体水合物，俗称“可燃冰”，是客体气体分子（CH_4、CO_2 等）在一定的温度、压力条件下与主体分子水络合而成的一种类冰状、非化学计量的笼形晶体结构化合物。客体分子被包络在由主体水分子之间的氢键连接形成的笼形孔穴中，并借助两者之间的范德华力以维持笼形结构稳定。按水合物的笼状孔穴类型区分，目前水合物晶体结构类型主要有 structure Ⅰ（sⅠ）型，structure Ⅱ（sⅡ）型和 structure H（sH）型，如图 1-1 所示。

通常而言，客体分子的尺寸很大程度上影响其水合物晶体结构的类型。尺寸在 0.4～0.55 nm 的客体分子（如 CH_4、C_2H_6、CO_2、H_2S 等）形成 sⅠ型水合物。sⅠ型水合物晶胞为体心立方结构，含有由 46 个水分子组成的 2 个 5^{12} 笼和 6 个 $5^{12}6^{2}$ 笼。sⅡ型水合物晶胞是面心立方结构，由 16 个 5^{12} 笼和 8 个 $5^{12}6^{4}$ 笼组成，共 136 个水分子，尺寸小于 0.4 nm 的客体分子（如 H_2、Ar）可以进入 sⅡ型水合物的 5^{12} 笼和 $5^{12}6^{4}$ 笼，尺寸在 0.6～0.7 nm 的客体分子（如 C_3H_8、i-C_4H_{10}）只占据 sⅡ型水合物的 $5^{12}6^{4}$ 笼。尺寸在 0.8～0.9 nm 范围内的客

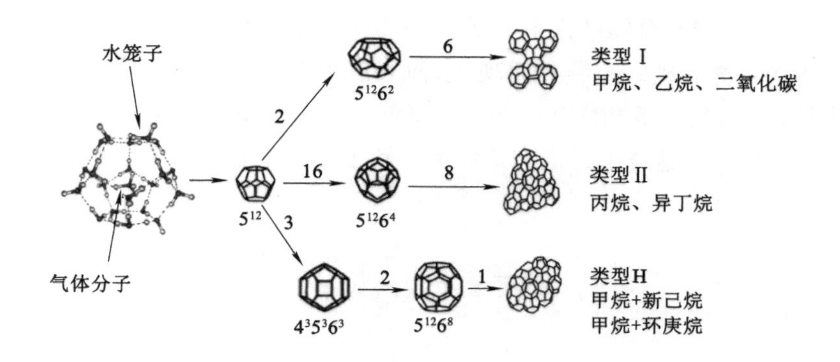

图 1-1 水合物晶体结构示意图[23]

体分子(如 c-C_8H_{16})形成 sH 型水合物。sH 型水合物晶胞为简单六方结构,由 3 个 5^{12} 笼、2 个 $4^35^66^3$ 笼和 1 个 $5^{12}6^8$ 笼组成,共 34 个水分子[24]。表 1-1 给出了三种类型的气体水合物基本性质与参数。

表 1-1 Ⅰ型、Ⅱ型和 H 型结构水合物的结构参数统计表[25]

结构类型	Ⅰ型结构水合物		Ⅱ型结构水合物		H 型结构水合物		
孔穴	小孔穴	大孔穴	小孔穴	大孔穴	小孔穴	中孔穴	大孔穴
晶胞孔穴数/个	2	6	16	8	3	2	1
表述	5^{12}	$5^{12}6^2$	5^{12}	$5^{12}6^4$	5^{12}	$4^35^66^3$	$5^{12}6^8$
孔穴直径/Å	3.95	4.33	3.91	4.73	3.91	4.06	5.71
晶胞水分子数/个	46		136		34		
理想表达式	$8M \cdot 46H_2O$		$24M \cdot 136H_2O$		$6M \cdot 34H_2O$		

气体水合物通常在低温和高压条件下形成,主要经历成核和生长两个过程,其形成过程如图 1-2 所示。

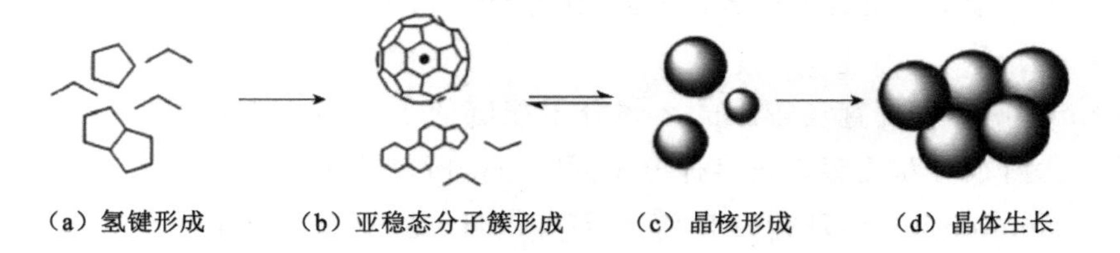

图 1-2 气体水合物生成过程

在氢键作用力下,水分子在一定温度与压力条件下形成多面体的笼形孔穴,孔穴将气体客体分子包裹在多面体内进而构成水合物。客体分子和主体分子之间存在的范德华力相互作用使得水合物结构稳定。气体和水形成水合物晶体的过程通常可以通过式(1-1)表示:

$$M(g)+n_p\ H_2O(l) \longrightarrow M \cdot n_p H_2O(s) \tag{1-1}$$

其中，n_p 表示水合数，即水合物结构中 H_2O 分子和气体分子的比值。

此外，气体水合物形成是一种界面现象，而气液界面是最有可能成核的位置。这是因为气-液接触面中水合物和液相之间的表面能降低。而其最主要的原因是气-液接触面组成水合物的分子浓度最高，这样的过饱和条件更有利于形成水合物。气体水合物形成位置如图 1-3 所示。

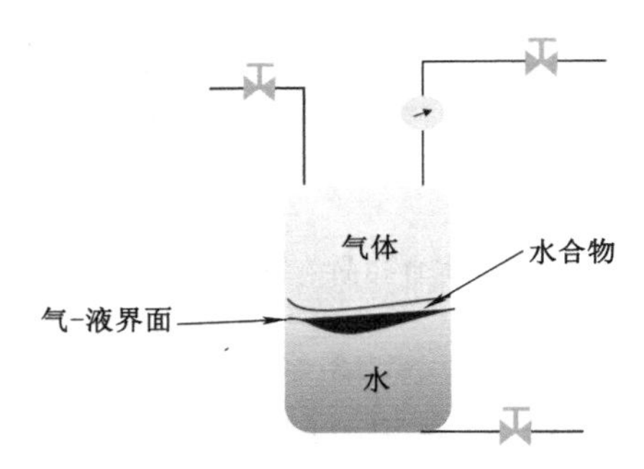

图 1-3　气体水合物形成位置示意图

1.2.2　气体水合物结构稳定性影响因素

实际上，气体水合物的晶体结构本质上也是冰的一种，它们都是由水分子之间的氢键连接形成的晶体。不同之处在于，气体水合物的晶体结构不能像冰那样稳定存在。传统的气体水合物稳定性主要受环境温度、压力、客体分子、晶穴占有率和自保护效应等因素影响。

（1）温度、压力条件

Shirota 等研究发现，CH_4 水合物在 268.1 K 下完全分解的时间长达 4 个月[26]。吴强等将体积约为 23.5 cm^3 的 CH_4 水合物放置于温度为 19 ℃、压力为 1 atm 的条件下自然分解，发现整个分解过程历时 1.2 h[27]。另有研究发现初始分解压力越大，分解率及瞬时分解速率峰值越小[28]。而最新研究成果表明，不同加热速率下 CH_4 水合物的分解机制存在差异，当加热速率较高时，表面冰和水合物会同时分解[29]。

（2）客体分子

Miyoshi 等研究发现直径较小的客体分子能够使Ⅰ型结构水合物保持良好的稳定状态[30]。梅东海等研究认为只有被客体分子同时占据所有孔穴时，H 型结构水合物才能保持稳定[31]。Gudmundsson 等研究发现将 C_2H_6、C_3H_8 混入天然气可明显提高水合物稳定性[32]。白冬生认为当大分子气体占据水合物大孔穴、小分子气体占据水合物小孔穴时形成的水合物更为稳定、自由能更低[33]。由此可见，可利用瓦斯气体组分尺寸多样化的特点充分填充水合物笼形结构来提高瓦斯气体水合物稳定性。

（3）晶穴占有率

English 等研究发现晶穴占有率为 0 的水合物分解速率非常大，而晶穴占有率在80％～100％范围内的水合物分解速率不受晶穴占有率影响[34-35]。耿春宇等研究认为，CH_4 分子会降低水合物晶穴之间的相互作用能，增强晶穴水分子之间的氢键作用，从而提高水合物稳定性[36]。万丽华等通过分子动力学模拟研究也认为较高的晶穴占有率有助于增强 CH_4 水合物稳定性，特别是当晶穴占有率为 100%时，CH_4 水合物晶体可在较高温度下不发生分解[37]。

(4) 自保护效应

有研究认为，CH_4 水合物在最初 10 min 内分解速率较快，吸热降温使得分解产生的水会生成冰覆盖在水合物表面，当没有热量输入时，冰层将阻碍客体分子扩散，从而抑制甲烷水合物进一步解离[38]，即水合物具有“自保护效应”[39]。钟栋梁等采用高压微差示扫描量热计研究了大气压下 CH_4 水合物自保护效应。结果表明，在 253.15～268.15 K 的温度范围内，CH_4 水合物在大气压下可以稳定保存。只要不输入热量，CH_4 水合物的自保护效应与储存时间无关[29]。由此可见，自保护效应是延缓水合物解离的有效途径，强化自保护效应将有助于在低能耗条件下进行甲烷气体的长途储存和运输。然而，影响气体水合物自保护效应的因素较为复杂，如水合物的颗粒大小[40]、孔隙率[41]、晶体结构、客体分子类型[42]和添加剂类型，且影响机理尚不清楚。

此外，气体水合物分解速率还与水合物颗粒粒径、气体分子扩散速率、添加剂浓度等有关。一般水合物颗粒粒径越大，水合物分解所需温度越高；CH_4 分子扩散进入液相的速率越低，水合物分解速率越慢[34-35]。添加剂浓度也是影响水合物稳定性的重要因素[43-44]。Qing 等研究发现 3.3mol%的[N_{4444}]Cl 下形成的 CO_2+CH_4 水合物比 1.0mol%和 5.0mol%的[N_{4444}]Cl 下形成的 CO_2+CH_4 水合物更为稳定[45]。(mol%表示摩尔分数)

1.3 气体水合物法在气体分离领域的应用研究

气体水合物法分离气体是近几年发展起来的一项拥有广阔应用前景的气体分离和储存技术[46-50]。水合物法分离气体的主要原理是根据不同气体生成水合物的相平衡条件(温度和压力条件)差异来实现气体分离。相比其他捕获技术，水合物法分离气体的优势在于：

(1) 原材料简单易得。气体水合物的主要原料是 H_2O，水合物具备的“记忆效应”，能够在其分解后，二次生成水合物时促进 CH_4 水合物成核并加快水合物生长速率[51]。

(2) 储气密度大，具有较高的 CH_4 气体的回收效率。标准状态下，1 m^3 CH_4 水合物能储存约 160 m^3 理想状态下的 CH_4 气体。

(3) 能够稳定、安全地储运。CH_4 水合物，能在 −10～0 ℃和 0.1～1 MPa 条件下储存和运输。

(4) 能耗低。与低温精馏法相比，水合物法可在 0 ℃及以上温度下进行，具有更低的制冷能耗。相比膜分离法和变压吸附法，水合物法压力损失小，且分离更加高效。

但有研究发现，纯水体系中 CO_2 水合物的生长缓慢，诱导期较长(1 MPa、低温条件下搅拌合成法需 12 h)。当诱导期较短时储气量又难以保证，因此该方法还未广泛应用于工业生产和气体储运过程中。

为高效连续捕集 CO_2，提高水合物成核速率，研究者尝试了多种方法，主要包括促进剂法、机械法和物理场法[52]。促进剂法主要分为热力学促进剂法和动力学促进剂法[53]。由于大多数促进剂存在毒性,易对环境带来污染,且有些促进剂本身会参与水合反应,从而影响水合物的生成速率和储气密度。机械法主要包括搅拌法[54-56]、鼓泡法[57-59]和喷雾法[60-61]。与搅拌法和鼓泡法相比,喷雾法不仅避免了机械搅拌为体系带来的额外能量,而且避免了鼓泡法容易使水合物的生长受到传质限制的缺点[62]。喷雾法因将液体雾化喷淋至气相中,大大增加了气液相之间的接触面积,对加快气体溶解、增加气体储量、加快传热速率和气体水合物的生成速率等具有更加显著的效果。

1.3.1 荷电喷雾法对气体水合物形成过程的影响研究

基于喷雾法的优点,早在 21 世纪初就有学者开始此方面的研究,如石定贤等对比喷雾法和搅拌法发现喷雾法的促进效率为搅拌法的 2 倍以上,并使水合物的储气密度大幅提升[63]。Fujita 等通过改进喷雾反应器的喷嘴,发现在喷嘴附近安装一块金属板并涂上冷却剂能解决喷雾法散热交叉的问题[64]。Rossi 等设计了一种能连续高效生成 CH_4 水合物的喷雾合成装置,发现这种方式可以最大限度地增加反应物质之间的接触面积,减小传质障碍[65]。Li 等设计了一种可视化水喷雾生成气体水合物装置,结果表明在合理范围内适当增大喷嘴的雾化角度能够提高气液接触面积而更有利于水合物的生成,除此还发现振荡进气方式的水合物生成速率、储气密度、反应总生成热更大[60]。Tsuji 等探究了喷雾式水合物反应器中影响 H 型结构水合物生成速率的因素,结果表明 H 型结构水合物的生成速率取决于大分子客体的类型。主要的大分子客体包括叔丁基甲醚、甲基环己烷、甲基环戊烷、2,2-二甲基丁烷(新己烷)、环戊烷、环己烷、环庚烷、3-甲基-1-丁醇(异戊醇)、3,3-二甲基-2-丁酮和 2-甲基环己酮等。这些大分子客体占据 H 型结构水合物的大笼,甲烷分子占据小笼和中笼。Tsuji 等研究认为选择合适的大分子客体,高气压下 H 型结构 CH_4 水合物的生成速率可能会更高[66]。H 型结构水合物的生成速率取决于所用大分子客体的种类。该生成速率可能超过高压下无大分子客体时的Ⅰ型甲烷水合物生成速率。Tsuji 等认为叔丁基甲醚在实际的水合物生成促进方面具有较好的应用前景。

此外,学者们还通过物理场法(电场[67-68]、磁场[69-70]、微波[71]、超声波[72-73])探测其对水合物生成和分解的动力学影响规律。Park 等[74]研究了电场对富含黏土的沉积物表面形成天然气水合物的影响,研究表明当在 CO_2 溶解后施加电场且水分子在 10^4 V/m 的电场中被极化时,气体水合物的成核速率明显加快,诱导时间将缩短约 85%,如图 1-4(a)所示。此外,在气体溶解前施加电场时,如图 1-4(b)所示,由于水气界面存在的强极化水层阻碍了气体的吸收,降低了气体的溶解度,水合物的形成受阻,从而为富含黏土的沉积矿床中天然气水合物形成和开采提供了参考。Kumano 等[68]研究了电场对过冷四丁基溴化铵([N_{4444}]Br)水合物成核的影响,实验采用直流电压,将充电电极插入含有[N_{4444}]Br 水溶液的试管中,实验参数包括电极材料(铜、铝、镍、铁、金)、外加电压和样品浓度,结果表明当样品保持在过冷状态,直流电压直接作用于[N_{4444}]Br 水溶液 1 min 时,水合物的成核概率取决于电极材料。另外,发现在铜电极下水合物成核的可能性最高,且Ⅱ型[N_{4444}]Br 水合物的成核概率低于Ⅰ型水合物。

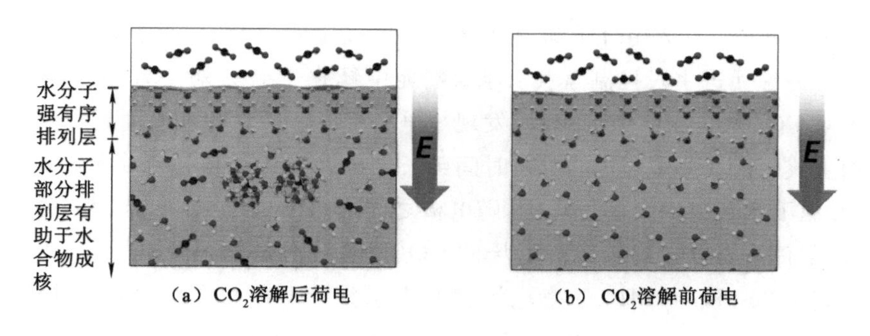

图 1-4 电场施加前后气-水间作用机理

刘卫国等[75]研究了弱电场下 THF(四氢呋喃)水合物的生成特性,分析了不同电场强度对 THF 水合物一次生成、二次生成及三次生成的影响,结果显示施加电场对 THF 水合物生长期具有促进作用,加快了水合物的生成。另外,在 THF 水合物二次生成的过程中,由于弱电场以及水合物分解水记忆效应的存在,生长期间 THF 水合物的生长速率提高,从而产生更高的温度峰值。此外,Chen 等[76]控制放置在反应釜两侧电极上的电压,研究 0~6 V弱电场对 THF 水合物的体表面形态、生长速率和诱导时间的影响,结果发现随着电场强度增大,THF 水合物形成的诱导时间和形成速率都随之增加,二次成核的记忆效应随之减弱。这表明有助于水合物二次形成的残留成分可能被电场破坏;在电场作用下,水合物的生成表面以整齐的锯齿形由四周向轴线中心生长。Carpenter 等研究了电流和电压作用下 THF 水合物的诱导时间,发现诱导时间明显缩短,水合物能够迅速生成。这主要是因为在电极处化学反应形成了气泡,增大了气液接触面积,从而加速水合物生成。控制电压可显著影响水合物的生成。诱导时间随着电压增大而迅速缩短,在 100 V 时只有几分钟。溶液中的电压感应电流是电成核的原因。即使非常低的电流(微安级)也足以实现电成核[77]。

English 等[78-79]指出电磁场的存在对 CH_4 水合物分解有影响;模拟恒定电场对丙烷水合物分解过程的影响,恒定电场(强度在 0.7 V/nm 以上)能够使丙烷水合物构象扭曲甚至分解。Luis 等[80]通过分子动力学模拟发现施加 0.2~0.9 V/nm 的恒定电场能够提高水合物相-水相-CH_4 气相的三相平衡温度。Fateev[81]提出了一种超低频电场中可压缩结晶水合物超敏性模型,用于解释在很弱的超低频电场中高度可压缩的晶体水合物的力学稳定性显著下降的现象,认为水分子的迁移可能受到外加电场影响,从而影响水合物分解。Luis 等[82]利用分子动力学模拟了 NPT 系综(T=260 K,P=8 MPa;T=285 K,P=40 MPa)下分解 Ⅰ 型 CH_4 水合物所需的外加电场强度,结果表明当电场强度大于 1.5 V/nm 时,水分子定向排列形成 Ih-型冰结构,CH_4 分子离开水合物笼子;消除外加电场后类冰状结构变得无序,类冰状结构分解成气态 CH_4 和液态水。Li 等[83]通过分子动力学模拟轴向电场对单壁碳纳米管(SWNT)内准一维 N_2 水合物形成和分解的影响,发现当电场强度为 1~2 V/nm 时,碳纳米管中 N_2 分子释放;当电场强度大于 2 V/nm 或小于 1 V/nm 时,在碳纳米管中的 N_2 分子作为客体分子束缚形成了分子线,因此通过施加合理的电场可有效控制 N_2 分子的释放。

另外，Krishnan 等也运用分子动力学模拟了电场下水合物对氖的吸收和释放，结构表明电场可作为一种促进手段控制氖气从水合物笼中释放[84]。另外，Krishnan 等通过实验探究了静电场对 CO_2 水合物的生成影响，发现静电场下电压最大的电极附近和气相空间中并没有水合物生成，且 CO_2 水合物的成核时间延长。这表明高压静电场对水合物的形成有抑制作用；在常温下水合物的分解过程中，随电极之间电势差的增大，水合物的分解压力也增大，且在相同条件下有静电场较无静电场的 CO_2 水合物分解压力更高。Xu 等采用分子动力学模拟研究了 260 K、10 MPa 下静电场和振荡电场下 CH_4 水合物的分解过程[85]，分析了恒定电场为 0 V/nm、1.0 V/nm、1.5 V/nm、2.0 V/nm 时对 CH_4 水合物的生成或分解影响，结果显示恒定电场对 CH_4 水合物的影响存在强度阈值。超过强度阈值(1.5 V/nm)的静电场可以诱导水分子沿电场方向的排列，从而加快水合物分解，而在无电场以及 1.0 V/nm恒定电场条件下的模拟体系液相中均生成新的 CH_4 水合物。此外，Xu 等研究了频率为 2.45 GHz、300 GHz、1 THz，电场强度为 1.0 V/nm、1.5 V/nm、2.0 V/nm 的余弦电场中 CH_4 水合物的生成和分解过程，结果发现频率为 2.45 GHz、电场强度为 1.0 V/nm 的余弦电场体系能量逐渐下降，水分子排列逐渐有序，约 100 ns 时达到平衡状态并在液相中生成新的水合物；1.5 V/nm 或 2.0 V/nm 体系的能量并没有下降反而呈升高趋势，且水分子呈无序状态，说明固相水合物在这两种余弦电场作用下发生分解。此外，频率为 300 GHz、电场强度为 1.0 V/nm 和1.5 V/nm 的余弦电场体系的能量均逐渐变小，并在 50 ns 左右达到平衡，当模拟体系能量不再下降时意味着水合物分解。频率为 1 THz，电场强度为 1.0 V/nm、1.5 V/nm和 2.0 V/nm 的余弦电场体系，其能量变化首先呈下降趋势，说明从反应开始水分子逐渐变得有序，经过 50 ns 后达到平衡，因此这三种体系下均能形成水合物。徐婷婷[86]探究了恒定电场、余弦电场对 CH_4 水合物生成分解的影响，发现恒定电场对 CH_4 水合物分解有明显的促进作用，且随恒定电场强度增大水分子的偶极极化效应越明显，水合物分解更快。

1.3.2 气体水合物促进剂研究

虽然有研究认为适当的超声波[87]、超重力[88-89]、电场[68,74]、微波[90]等物理方法可加快水合物生成，但外加的设备往往会提高成本并增加能耗。因此，不少研究人员考虑使用化学添加剂来促进水合物生成。目前常用的气体水合物促进剂主要分为两类：热力学和动力学促进剂[91-94]，二者均表现出较好的促进效果。

热力学促进剂将水合物平衡边界转移到更温和的条件(较低的压力或较高的温度)，动力学促进剂通过缩短诱导时间或加快水合物生长速率来促进水合物形成。热力学抑制剂使水合物相平衡条件转向更高的压力或更低的温度，动力学抑制剂则通过延长诱导时间或降低水合物生长速率来抑制水合物形成。热力学添加剂主要通过改变水分子的团簇结构和溶液内相互作用能，进而改变气-液接触面的蒸气压来影响水合物结晶点，最终达到改变热力学相平衡条件的目的。而动力学添加剂则通过改变液态水分子之间形成氢键的难度，进而影响水合物成核和生长或改变气体分子进入水合物空腔的难度，从而实现改变水合物动力学过程的目的。

(1) 热力学促进剂研究进展

热力学促进剂主要通过将水合物的相平衡状态向较低压力和较高温度区域移动来促进水合物形成，提高水合物稳定性。常见的热力学促进剂包括甲醇、四氢呋喃（THF）、四氢吡喃（THP）、四丁基卤化铵（$[N_{4444}]Br$、$[N_{4444}]Cl$、$[N_{4444}]F$）、丙酮等[95]。

Kang 等以 THF 为添加剂，研究了 274 K、277 K 和 278 K 三个温度条件下 CO_2+N_2 二元客体混合气水合物的相平衡条件。研究发现，THF 能够提高气体水合物的相平衡温度、降低相平衡压力，并且相平衡数据与计算结果非常吻合[96]。Lee 等对 CH_4、CO_2 在 THF 体系中的相平衡行为进行了测定，研究发现，THF 可以使水合物的相平衡曲线向更高温度和更低压力方向移动，且浓度越高促进效果越好[97]。Matsumoto 等以环戊烷、环戊酮和氟代环戊烷为添加剂，研究了添加剂对 CO_2 水合物相平衡的影响。研究发现，环戊烷、环戊酮和氟代环戊烷与 CO_2 形成 sⅡ型结构水合物，这些添加剂可以降低 CO_2 水合物的相平衡压力[98]。Deugd 等研究了丙酮、THF、THP、1,3-二氧五环对 CH_4 水合物相平衡数据的影响，研究表明四种添加剂都极大地降低了水合物的相平衡压力。此外还发现，含有一个 O 原子的环醚的水合物比含有两个 O 原子的环醚的水合物具有更低的平衡压力；当环醚具有相同数量 O 原子时，五元环水合物比六元环水合物具有更低的相平衡压力[99]。胡倩等[100]进行了含蜡体系水合物的生成实验，选用 60# 昆仑石蜡与 2# 工业白油的不同比例混合来模拟含蜡体系。实验结果显示，水合物的相平衡压力随着体系蜡晶浓度的增加逐渐降低，且体系中蜡晶浓度越高，相平衡温度越高。在恒定温度 281.5 K 的体系中，蜡晶浓度为 3.5% 的体系相比无蜡体系，水合物形成的相平衡压力降低 6.5%。Wang 等[101]探讨了 HCFC-141b 和 CP 对 CO_2 水合物形成的影响。实验发现，添加 HCFC-141b 和 CP 能够显著降低 CO_2 水合物的相平衡压力。温度条件为 281.55 K 时，纯水体系中的相平衡压力达到 3.55 MPa，而在同等条件下的 CP 体系相平衡压力仅为 0.15 MPa，可见 CP 是较好的 CO_2 水合物形成的热力学促进剂。

(2) 动力学促进剂研究进展

动力学促进剂主要通过降低气-液界面表面张力、增加气体溶解度和扩散系数来加快水合物生长速度、增加气体储存能力，主要包括十二烷基硫酸钠（SDS）、纳米粒子、其他表面活性剂等[102]。

丁家祥等观察了 SDS 体系中 CH_4 水合物的生长过程，研究发现，SDS 可以有效加快水合物诱导成核过程，且这种效果随浓度增加更加显著。此外，研究还发现 SDS 不参与 CH_4 水合物结构的形成，不会改变水合物结构类型[103]。Jiang 等以 SDS 和十二烷基苯磺酸钠（SDBS）为添加剂，研究了添加剂体系对 CO_2 水合物生成动力学的影响，研究发现，二者均为水合物动力学促进剂，都能有效加快水合物诱导成核过程。SDS 和 SDBS 的最佳浓度分别为 0.05% 和 0.03%。但有学者研究发现，SDS 体系中生成的气体水合物在分解时会产生大量泡沫[104]。

赵健龙等[105]研究了烷基多糖苷（APG）在不同初始压力、质量浓度、碳链长度的设定条件下，对 CH_4 水合物生成的影响。研究发现，当体系中 APG 的质量浓度为 1 500 mg/L 时对水合物的生成速率促进效果最佳，并且 APG 的碳链长度越长水合物的生成速率越快。

陈文胜等[106]在实验中使用失水山梨醇单硬脂酸酯(Span 60)作为添加剂，结果显示 Span 60 增加了水合物生成量，反应体系的温度也发生了变化，呈现出温度升高的现象。失水山梨醇单油酸酯(Span 80)的加入同样有利于甲烷气体分子进入水相中，加快了晶核形成过程，缩短了甲烷水合物生成的诱导时间，提高了生成速率和表观速率常数，并提高了相应反应时间内甲烷水合物的储气密度。从分子结构的微观角度分析，Span 80 分子结构中的烷基部分与水-气界面处的气相中的甲烷分子以及溶于水相中甲烷分子相互作用，构建了一个气体分子进入水笼中的"桥梁"，也可能是通过烷基结合气体分子构成了形成水合物晶核的"模块"，有利于水合物晶核的快速生成，宏观表现为诱导时间大大降低。同时，形成的晶核周围水分子较为充足，Span 80 的羰基可以与水分子结合，将大量水分子进一步固定到已经初步形成的水合物微小晶粒上，保证水合物晶核成长为水合物晶体并进一步增长为大块水合物[107]。

Lv 等模拟了 277.15 K、12 MPa、3.56wt% NaCl 的海底条件下环戊烷 CP 和 CH_4 水合物生成的动力学规律，分析了 CP/液相体积比和液相体积对 CH_4 水合物生成动力学的影响[108]。当两者体积比从 0.03 增加到 0.15 时，水合物气体消耗量表现出先增后减的趋势。(wt%表示质量分数)

1.3.3 离子液体对气体水合物生成过程的影响研究

近年来，离子液体(ILs)因其极低的蒸气压、高热稳定性、阴阳离子结构可调等优异特性[109]而被广泛关注。ILs 可根据其分子结构和与水分子之间的相互作用差异分为热动力学促进剂和热动力学抑制剂。

目前，有关 ILs 热力学促进剂的研究多集中于季铵盐如四丁基溴化铵([N_{4444}]Br)和四丁基溴化鏻([P_{4444}]Br)等。这两类热力学促进剂在室温下即可生成半笼形水合物，其中季铵盐的阳离子可作为客体分子进入水合物笼，部分阴离子则与水分子一起参与水合物笼的构成。此外，与 sⅠ、sⅡ和 sH 型水合物相比，半笼形水合物具有更高的稳定性。Long 等[110]探究了[N_{4444}]Br 存在条件下 CH_4、CO_2 和 CH_4+CO_2 的水合物相平衡数据，结果表明质量分数分别为 1.76%和 14%的[N_{4444}]Br 都是水合物促进剂，随[N_{4444}]Br 的质量分数升高，相平衡数据逐渐向低压高温方向移动，当压力相同时相平衡温度随添加剂质量分数排序为 1.76wt%<5wt%<10wt%<14wt%<19.7wt%<38.5wt%，当大于 5wt%时促进效果逐渐变小，当大于 40%时对水合物形成呈抑制效果。Lee 等研究了 CH_4 水合物在四丁基氟化铵[N_{4444}]F 体系中的相平衡条件，研究发现，[N_{4444}]F 的加入使 CH_4 水合物的相平衡条件变得更加缓和[111]。Li 等研究了 CO_2 水合物在季铵盐([N_{4444}]Br、[N_{4444}]Cl、[N_{4444}]F)体系中的相平衡条件，发现在相同温度下，所有季铵盐都可以降低 CO_2 水合物的相平衡压力，且促进效果随季铵盐浓度增加更加显著，其中[N_{4444}]F 热力学促进效果最好[112]。张强等[113]通过分子动力学模拟研究了不同温度和 CH_4 晶穴占有率对四丁基溴化铵([N_{4444}]Br)半笼形水合物的影响。发现温度越低，CH_4 晶穴占有率越高，水分子偏离初始位置的位移越小，水合物的稳定性越好；温度低于 260 K 时，晶穴占有率是影响水合物稳

定性的主要因素；晶穴占有率在75％以上时，温度对水合物的稳定性影响占主导。

初步研究表明，部分结构的ILs具有热力学和动力学双重抑制特征。Xiao等[114-115]调查了双烷基咪唑ILs对CH_4水合物的抑制性能，结果表明这些ILs的强静电荷和与水分子间的氢键作用不仅使水合物相平衡温度曲线向低温和高压方向移动，而且能减缓水合物的成核速率，从而成为热力学和动力学双功能抑制剂。此外，还得出了在阴离子相同时，阳离子烷基侧链越短对水合物热力学抑制效果越好的结论，在后续研究中这一结论也得到了其他学者的验证[116]。在ILs结构中引入羟基可加强与水分子间的氢键作用，导致水分子中的大量氢键被破坏，从而有效地阻止水合物形成[117-118]。根据这一理论，Nashed等[119]发现咪唑阳离子烷基侧链羟基化有利于增强ILs的热力学抑制效果。

不少学者还相继开展了有关季铵盐ILs抑制水合物形成的研究。Tariq等研究表明，四甲基醋酸铵和胆碱ILs对CH_4水合物的形成均表现出热力学和动力学双重抑制效果[120]。Khan等报道了CO_2水合物的抑制作用均随季铵盐ILs浓度的增加而增加[121]。此外，有学者研究了羟基化季铵盐ILs的水合物抑制性能[122-124]。吗啉和哌啶ILs对气体水合物抑制影响也有报道，如Shin等[125]研究显示在吡咯和咪唑ILs中，阳离子对CO_2水合物形成抑制影响很小，而阴离子是决定离子液体整体抑制能力的主要因素，且抑制作用随着阴离子尺寸的减小或阴离子电荷密度的增加而增加。Cha等[126]报道了多种ILs体系CH_4水合物的相平衡实验数据，结果发现其都是CH_4水合物抑制剂，抑制效果排序为N-乙基-N-甲基哌啶四氟硼酸盐([EMPip][BF_4])＞N-乙基-N-甲基哌啶溴盐([EMPip]Br)＞N-乙基-N-甲基吗啉四氟硼酸盐([EMMor][BF_4])＞N-乙基-N-甲基吗啉溴盐([EMMor]Br)，可能原因是电离的ILs与水分子偶极子相互作用，导致水与离子间的结合能力较强，从而抑制了水合物前驱体水合物笼的形成，而哌啶ILs抑制效果更强的原因可能是$[EMPip]^+$会吸引更多的CH_4分子，从而降低了CH_4水合物成核的可能性。这表明吗啉和哌啶ILs是有效的热力学抑制剂，且哌啶阳离子对水合物的抑制作用优于吗啉。

李建敏等[127]研究了在2～10 ℃温度条件下，不同浓度(100 mg/kg、300 mg/kg、500 mg/kg、700 mg/kg、900 mg/kg)的[MIMPS]DBSA、[PIPS]DBSA、[PYPS]DBSA、Rha-C_{10}-C_{10}水复配体系在水合物实验中的气体消耗量以及对比了不同体系内形成CO_2水合物时的相平衡压力。研究发现，实验温度及试剂浓度能够改变CO_2水合物生成的相平衡压力。[PIPS]DBSA、[MIMPS]DBSA、Rha-C_{10}-C_{10}和[PYPS]DBSA促进CO_2水合物生成最佳浓度分别为500 mg/kg、100 mg/kg、500 mg/kg、500 mg/kg，能够让CO_2水合物的相平衡压力分别下降10.8％、16.4％、16.0％和17.0％。

张琳等[128]合成了含有表面活性基团的1-甲基咪唑类ILs。研究发现，该促进剂可提升气体水合物生成速率，增大水合物储气量，缩短水合物生成的诱导时间。当1-甲基咪唑类ILs浓度为0.1 g/L时，促进效果最佳，该浓度低于SDBS对应的最佳促进浓度(0.7 g/L)。总体来看，1-甲基咪唑类ILs促进效果优于SDBS，在温度条件为6 ℃时，CO_2水合物的反应生成速率提高了12.5％。

Fan等[129]研究了0.293mol％的[N_{4444}]F和[N_{4444}]Br对水合物生成速率和CO_2分

离效率的影响。研究结果表明[N_{4444}]Br 和[N_{4444}]F 具有良好的 CO_2 捕获效果，并且水合物生成速率随压力的增加而增大。在一定压力范围内，[N_{4444}]F 的最佳 CO_2 分离系数是[N_{4444}]Br 的 4 倍，大约为 36.98。在[N_{4444}]F 作用下 CO_2 浓缩至 90.40mol%。

Li 等[130]研究了十二烷基三甲基氯化铵([N_{11112}]Cl，DTAC)在 0.29mol%的[N_{4444}]Br 水体系中的浓度和初始压力对 CO_2 水合物诱导时间的影响。结果表明，初始压力为 1.66 MPa，[N_{11112}]Cl 浓度为 0.028mol%时最有利于水合消耗 CO_2。

1.3.4 氨基酸对气体水合物生成过程的影响研究

除了上述动力学促进剂外，氨基酸也是一种良好的水合物动力学促进剂[131]。氨基酸由羧酸、氨基和侧链组成，它们的化学和物理性质取决于特定的侧链。Liu 等研究了 7 种氨基酸(亮氨酸、蛋氨酸、色氨酸、苯丙氨酸、精氨酸、谷氨酸和组氨酸)对 CH_4 水合物生成行为的影响。发现亮氨酸显示出比其他氨基酸更好的动力学促进作用，且氨基酸体系中的 CH_4 水合物在分解时，不会像 SDS 体系那样产生泡沫[132]。Cai 等报道了 273.2 K 条件下 CO_2 在 0.02wt%～1wt%蛋氨酸体系中水合物生成过程，研究发现 0.2wt%蛋氨酸的动力学促进效果最好；正亮氨酸和色氨酸也可促进 CO_2 水合物生成，但效果稍差于蛋氨酸[133]。Veluswamy等采用混合搅拌系统(先搅拌 30 s，然后停止)研究了 0.1wt%、0.3wt%和 1wt%亮氨酸对 CH_4 水合物生长行为的影响，该方法结合了搅拌系统和非搅拌系统的优点，能够缩短诱导时间，降低能量损耗，其中 0.3wt%亮氨酸对 CH_4 水合物动力学促进效果最佳[134]。随后，Veluswamy 等又研究了三种不同类型的氨基酸——色氨酸(非极性、芳香族侧链)、组氨酸(极性、咪唑基侧链)和精氨酸(极性、脂肪族侧链)在搅拌系统和非搅拌系统下对 CH_4 水合物的影响，溶液浓度为 0.01wt%、0.03wt%、0.3wt%。研究显示，色氨酸是 CH_4 水合物的动力学促进剂，当浓度为 0.03wt%时，对 CH_4 水合物的动力学促进效果最好。非极性疏水氨基酸的存在显著促进了 CH_4 水合物的形成，与脂肪侧链相比，氨基酸中芳香侧链的存在更有利于 CH_4 水合物生成[135]。Prasad 等研究了 0.5wt%蛋氨酸和苯丙氨酸体系中 CH_4、CO_2 及其混合物形成气体水合物的过程。研究发现，蛋氨酸体系中的 CO_2 水合物在不到 1 h 的时间内获得了 90%的气体吸收率，并且转化率超过 85%，而苯丙氨酸体系中的转化率明显较低。蛋氨酸显示出对 CH_4 和 CO_2 水合物的有效促进，而苯丙氨酸对 CO_2 水合物生成没有显著效果[136]。Bhattacharjee 等通过实验和分子动力学模拟证实了组氨酸对水合物形成动力学的促进作用。当组氨酸浓度为 1wt%时，与纯水系统相比，诱导时间缩短，生长速率提高了 52%，其结果与相同浓度的 SDS 相当[137]。Jeenmuang 等研究了在 293.2 K 和 8 MPa 的非搅拌反应器中，疏水侧链氨基酸(缬氨酸、亮氨酸和蛋氨酸)与 5.56mol%四氢呋喃(THF)复配体系对 CH_4 水合物生成及解离的影响。结果表明，在氨基酸与 THF 的共同作用下，水合物生成速率提高至 THF 体系的 6 倍。当体系中添加了亮氨酸和蛋氨酸时，CH_4 气体消耗量高于 THF 体系。缬氨酸、亮氨酸和蛋氨酸的最优浓度分别为 0.25wt%、0.125wt%、0.125wt%。此外，氨基酸的存在不影响 CH_4 水合物的解离行为，且水合物解离过程中不产生泡沫[138]。

刘政文[139]对天然氨基酸促进 CO_2 水合物形成的机理进行了研究，研究发现 0.2wt%

的色氨酸、异亮氨酸、蛋氨酸和半胱氨酸的促进作用较强，最高储气总量达 356 mg/g、334 mg/g、351 mg/g、356 mg/g。浓度为 1wt%的缬氨酸和苏氨酸具备促进水合物法捕获 CO_2 的能力，且最高储气量分别为 168 mg/g 和 124 mg/g，而当其浓度≤0.2wt%会失去促进效果。陈玉龙[140]对 CH_4 水合物在氨基酸溶液中的生长特点进行研究发现，加入氨基酸并不会改变 CH_4 水合物的相平衡曲线，氨基酸溶液的表面张力与其对水合物促进效果并无关联；0.5wt%亮氨酸对 CH_4 水合物生长促进作用最佳，其最高储气总量为 174 mg/g。Li 等[141]研究了缬氨酸、蛋氨酸和亮氨酸在不同温度压力条件下对 HCFC-141b 水合物生成的影响，发现不同浓度的氨基酸中，0.200mol%缬氨酸、0.242mol%蛋氨酸和 0.206mol%亮氨酸对 HCFC-141b 水合物成核的促进效果最好。亮氨酸能够最大限度缩短水合物形成的诱导时间。

1.3.5 化学促进剂协同多孔介质对气体水合物热动力学特性的影响研究

为强化热力学和动力学促进剂的效果，多孔介质成为研究者们较为青睐的反应介质。多孔介质（如分子筛、硅胶等）含有丰富的孔隙，这些孔隙可以在气体进入水溶液后增加水合物成核位点[142-143]。Heydari 等以不锈钢金属网为研究对象，在温度为 3 ℃、压力为 5.24 MPa 的实验条件下研究了金属多孔介质的存在对 CH_4 水合物生成的影响；分析了诱导时间、生成时间和气体消耗量等动力学参数[144]。结果显示，金属多孔介质相比硅胶对 CH_4 水合物具有更好的促进效果，诱导时间和水合物生成总时间减少了约 60%，耗气量也增加了 0.247 3 mol。Li 等研究了不同质量分数多壁碳纳米管（MWCNT）对 CH_4 水合物生长行为的影响。在 0.1wt%的浓度下，CH_4 水合物的生长速率增加了 61.5%，当浓度提高到 1wt%，成核诱导时间下降了 79.5%；与没有添加 MWCNT 的体系相比，相平衡温度降低了 1 K 左右；而且，CH_4 水合物的结构不受 MWCNT 影响[145]。Rahmati 等研究了五种浓度（4.5 μmol/L、9 μmol/L、18 μmol/L、27 μmol/L 和 36 μmol/L）纳米 Ag 粒子体系中 CH_4 水合物的诱导时间，研究发现随 Ag 粒子浓度增加，CH_4 水合物诱导成核过程显著加快[146]。

靳远等采用不同质量的氢氧化铝、氢氧化锌、氢氧化铁和氢氧化铜颗粒模拟多孔介质环境，并与 SDS 进行复配[147]。实验发现两性氢氧化物颗粒表面会因为水解而产生电荷，吸引溶液中 SDS 的活性基团。由于 $Al(OH)_3$ 颗粒为三价两性氢氧化物，能产生更多的电荷，因而它对气体消耗量和储气密度的提升效果优于其他三种颗粒。刘志明等采用不同粒径的多孔氧化铝颗粒和实心 SiO_2 颗粒，并将其与 SDS 溶液复配进行实验[148]。实验发现，氧化铝表面会因为水解带正电，SiO_2 表面则会在极化和水合作用的共同影响下带负电，所带电荷会和溶液中的表面活性剂离子形成双电层；SDS 电离出的带负电荷的活性基团更加倾向于吸附在带正电的氧化铝表面，因而在氧化铝颗粒中水合物生成后的剩余压力较低。Wu 等研究了氧化铝颗粒与表面活性剂混合下天然气水合物的形成，实验对比了不同复合体系的储气密度和耗气量，如图 1-5 所示[149]。复合体系的储气密度和耗气量均略高于单一表面活性剂体系，这说明氧化铝颗粒改善了水合物的储气性能，对加速水合物的形成和提高其产量具有重要作用。无论是单表面活性剂还是混合表面活性剂，在多孔介质中，体系储气密度进一步增大，这说明两种机制是协同作用的。

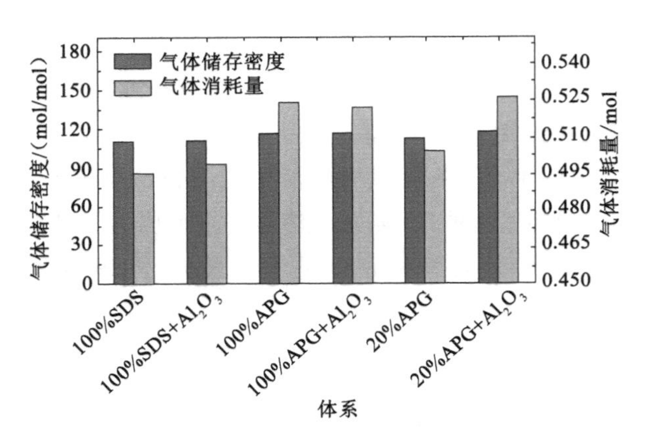

图 1-5　复合体系下水合物的储气性能[149]

Zhang 等在粒径为 2 mm、4 mm、6 mm 的氧化铝颗粒中加入 SDS、SDBS、AEO，对复合体系的实验研究发现，小粒径介质中更有利于水合物的大量形成[150]；在相同粒径下，SDS 和 SDBS 溶液中生成水合物的储气容量和储气密度约为 AEO 的 5 倍，大大促进了水合物的生成，如图 1-6 所示。在三种复杂体系中，阴离子活性基团（SDS^- 和 $SDBS^-$）在氧化铝颗粒表面的聚集提高了水合物的储气能力；而非离子表面活性剂 AEO，由于缺少库仑力，其在氧化铝颗粒表面的聚集能力较弱，因此储气能力较弱。

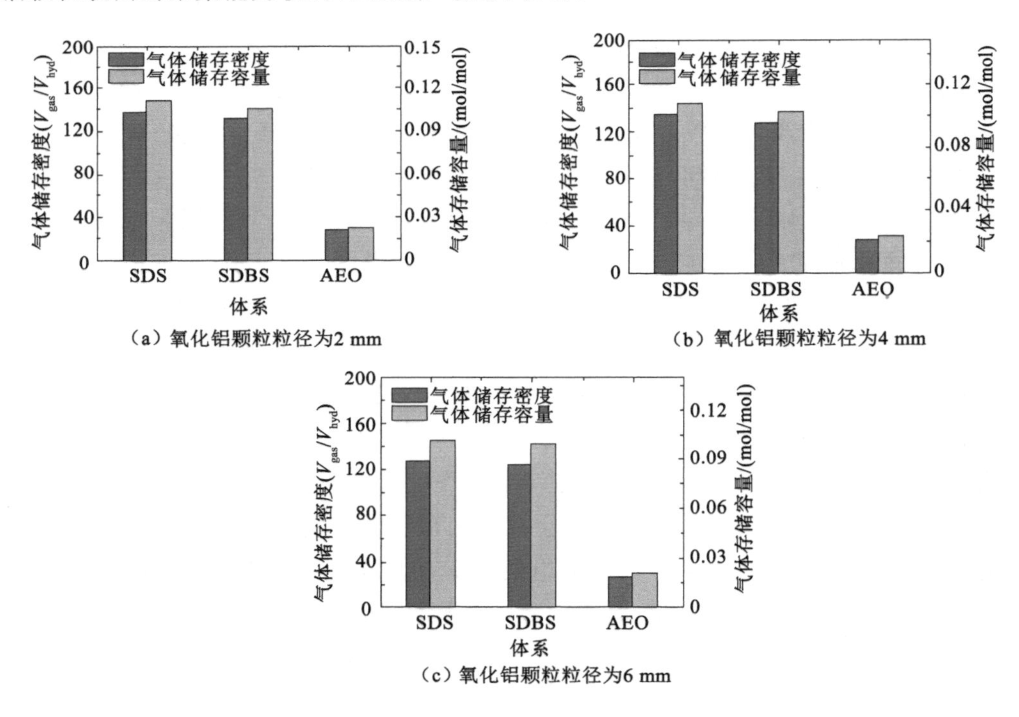

图 1-6　复合体系下水合物的储气性能[150]

由于使用单一添加剂的效果有限，有学者使用了几种不同的添加剂组合来最大限度地提高其效益。苏向东等采用正交实验法进行了多孔介质＋THF＋[N_{4444}]Br 体系下低浓度含氧煤层气水合物合成实验，并利用极差和方差分析对实验结果进行了讨论[151]。结果表明，THF＋[N_{4444}]Br 复配体系可以有效降低相同压力下低浓度煤层气水合物相平衡温度，且多孔介质的存在显著提高了低浓度煤层气水合物储气量。Yang 等研究了在多孔介质玻璃微珠(0.177～0.250 mm)中添加 THF＋[N_{4444}]Br 混合物对 CO_2 水合物相平衡的影响[152]。实验发现，THF 和[N_{4444}]Br 的存在降低了水合物的相平衡压力，在 THF 浓度较高时，增加[N_{4444}]Br 的量更有利于调节水合物的相平衡条件。与添加 THF＋SDS 混合物相比，THF＋SDS 降低水合物相平衡压力的效果不及 THF＋[N_{4444}]Br，如图 1-7 所示[153]。这是因为 SDS 属于动力学促进剂，可以改变水合物的诱导时间、生成速率等动力学特性，但对水合物的相平衡条件并无显著影响。

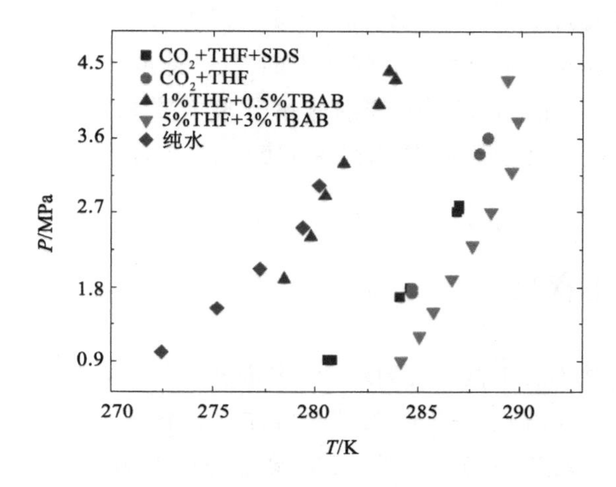

图 1-7 多种添加剂混合与纯水中 CO_2 水合物的相平衡条件[152-153]

由上述研究进展可见，将化学促进剂与多孔介质相结合已成为提高气体水合物产生速率、增加气体消耗量的主要办法。

1.3.6 水合物法分离气体研究进展

庞博以 THF 和 THF-SDS 为添加剂，研究了添加剂种类对煤层气水合物的相平衡条件、分离过程和分离结果的影响，研究发现，0.90 mol/L 的 THF 体系能够有效缓和煤层气水合物生成的相平衡条件，SDS 的加入增强了 CH_4 的提纯效果，但气体消耗量随 SDS 浓度增高而降低[154]。孙栋军进行了 THF、THF/SDS 体系中水合物法分离低浓度煤层气(30% CH_4＋60%N_2＋10%O_2)的实验研究，研究发现，SDS 能够有效提高 CH_4 回收率与气体分离效率，CH_4 浓度提高了 20%，CH_4 回收率最高可达 40%[155]。Zhong 等利用水合物法以 TBAC 为添加剂对低浓度煤层气分离提纯的实验进行了研究，研究发现，当浓度为 0.49mol%时，水合物分解气体中的 CH_4 浓度最高，可达到 49.6%[156]。王家乐以 THF＋环己烷为添加剂，在煤颗粒固定床上进行了 CO_2/H_2 分离的实验研究，研究发现气体消耗量随压力增大而增大，但压力增大会降低 CO_2 回收率。此外，THF 溶液饱和度的增加可以提高 CO_2 回收率，其中 3 MPa 压力条件下，1mol%的 THF-煤颗粒体系的 CO_2 回收率最高，为 57%，CO_2 与 H_2 分离效率为 42.5%[157]。叶洋采用不同浓度（0.3mol%、0.6mol%、1.38mol%）的四丁基溴化铵（[N_{4444}]Br）进行了低浓度煤层气（29.95%CH_4＋60.0%N_2＋10.05%O_2）的提纯实验研究。研究发现，当过冷度为 7 K 时，1.38mol% [N_{4444}]Br 体系中的气体分离提纯效果最好，CH_4 浓度提高了 11.05%，CH_4 回收率为 27%[158]。王文春进行了三种摩尔分数（0.49%、1.0%、3.3%）的四丁基氯化铵（[N_{4444}]Cl）体系中低浓度煤层气分离提纯的实验研究。研究发现，当浓度为 0.49mol%时，气体分离提纯效果最好，CH_4 浓度提高了 12.8%，回收率为 16.5%。随后又进行了过冷度为 8 K 时，SDS＋0.49mol% [N_{4444}]Cl 体系中分离提纯效率的研究，研究发现，当 SDS 浓度为 9.0×10^{-4} 时，分离提纯效果最好，CH_4 浓度提高了 19.8%，回收率可达到 25.6%[159]。李淇采用水合物法以 1-丁基-3-甲基咪唑四氟硼酸盐（[Bmim][BF_4]）为添加剂进行了 CH_4/CO_2 分离的实验研究，[Bmim][BF_4]的加入提高了水合物分解气体中的 CH_4 浓度。其中，在 3 MPa 和 278 K 条件下，质量分数为 0.12%的[Bmim][BF_4]体系分离效果最好，CH_4 浓度从 67%提高到 84%。此外，初始气液比也会影响分离效果，当气液比为 3.61 时，CH_4 浓度可提高至 92.8%[160]。

1.4 研究目的和意义

目前，ILs 和氨基酸均属于低污染的水合物添加剂，但 ILs 和氨基酸对气体水合物生成规律的影响数据还不足，还需进一步开展其对气体水合物热动力学影响规律的研究，以期为工业应用提供实验和理论参考。此外，已有学者关注电场对气体水合物作用规律的影响，但主要集中在分子模拟方面，实验数据还较为缺乏。

荷电喷雾技术是指在液体经过喷嘴雾化的过程中，应用高压静电技术使被雾化后的水雾颗粒带上同种电荷，使其破碎成更小的雾滴颗粒，形成群体荷电雾滴颗粒的技术。荷电喷雾技术使雾滴带上同种电荷，从而能有效提高雾滴颗粒的均匀性，增大液滴和气体的接触面积[161]。本书结合电场和喷雾法特点，开展荷电喷雾法生成气体水合物的热动力学特性研究。

从目前的研究成果来看，ILs 通常作为热力学促进剂，而氨基酸通常作为动力学促进剂。本书中分别考察 CO_2 在 ILs、氨基酸存在时的水合物形成和生长过程，分析不同种类和浓度的 ILs、氨基酸对 CO_2、CH_4 水合物生成热动力学规律的影响，分析参数主要包括相平衡温度、诱导时间、快速生长时间、气体消耗量、气体消耗速率、水合物转化率。此外，通过搅拌法和荷电喷雾法下 ILs 影响 CO_2 水合物生成的热动力学实验，分析不同 ILs 和荷电喷雾环境下气体水合物的生成作用机理，以期为水合物技术提供实验和理论基础。

1.5 主要研究内容

本书以CO_2气体为研究对象，以室温下为固态的离子液体和氨基酸作为添加剂，在物理搅拌和荷电喷雾实验装置中合成CO_2水合物，分析不同添加剂对水合物形成的影响规律，对比搅拌法和荷电喷雾物理强化作用的效果，为开发气体水合物高效合成技术提供参考依据。

本书研究内容如下：

(1) 开展搅拌法下固态ILs、氨基酸等对CO_2水合物生成的热动力学的影响研究。选择低毒环保的室温固态ILs作为添加剂，分为不同阴离子([N_{2222}]Br、[N_{2222}][NTf_2]和[N_{2222}][PF_4])、不同阳离子烷基侧链长度([P_{2444}][PF_6]和[P_{6444}][PF_6])和不同阳离子中心元素([N_{4444}]Br和[P_{4444}]Br)等三类ILs。实验将七种ILs分别和去离子水进行复配，考察在2 MPa下，不同种类和浓度的ILs对CO_2水合物生成热动力学规律的影响，分析参数包括相平衡温度、诱导时间、气体消耗量和气体消耗速率，并分析ILs对CO_2水合物生成的作用机理。

(2) 开展荷电喷雾强化下的CO_2水合物生成的热动力学实验研究。实验研究2.5 MPa下，不同电压和初始温度对CO_2水合物的相平衡温度、诱导时间、快速生长时间、气体消耗量、水合物转化率和气体消耗速率的影响规律；研究了2.5 MPa、285.15 K时[N_{4444}]Br+水和[P_{4444}]Br+水喷雾体系中CO_2水合物生成的热动力学规律，并探讨添加ILs后喷雾法中CO_2水合物生成机理。

(3) 实验研究阳离子为杂环结构的[OPy][PF_6]、[BPy][PF_6]、[PP_{14}][PF_6]、[PY_{14}][PF_6]、[C_{16}Mim][PF_6]、[C_{12}Mim][PF_6]、[EMim][PF_6]、[AMim][PF_6]的8种离子液体存在下CO_2水合物生成的热动力学参数和变化规律，考察不同种类和浓度的杂环ILs对CO_2水合物生成的相平衡温度、诱导时间、气体消耗量和气体消耗速率等的影响，并分析ILs对CO_2水合物生成的作用机理。

(4) 考察L-精氨酸和L-组氨酸对CO_2水合物形成热动力学的影响机制；考察亮氨酸、色氨酸、1,3-二氧五环作用下的CH_4水合物形成热动力学规律，为后续气体分离实验提供研究基础。

2　实验系统和实验方法

本章详细介绍了常用于气体水合物形成的电磁搅拌合成和喷雾合成实验装置，阐述了设备组成、性能以及实验材料、实验操作步骤；简述了气体水合物热力学相平衡条件和主要动力学特征参数的定义、判定标准和计算公式。

2.1　搅拌法生成 CO_2 水合物实验

2.1.1　实验设备

用于生成 CO_2 水合物的实验装置结构如图 2-1 所示。实验装置的主体部分为 100 mL 的可视化高压反应釜，其最高可承受压力为 20 MPa。底部的磁力搅拌器[80YT25DV22 型，德国精研 JSCC 电机（苏州）有限公司]用于驱动搅拌子促进水合反应进行，最高转速可达到 1 500 r/min。温度控制范围为 258.15～378.15 K 的制冷器（CKDHX-1015 型，南京凡帝朗信息科技有限公司）通过冷却乙二醇浴给反应釜降温，不确定度为±0.05 K。自动补气阀（S115121-NC 型，深圳市思特克气动液压有限公司）用于调节釜内压力，并使其维持在 2 MPa 左右。温度传感器（Pt100 热电阻）和压力传感器（HQ-1000）分别用于测量实验过

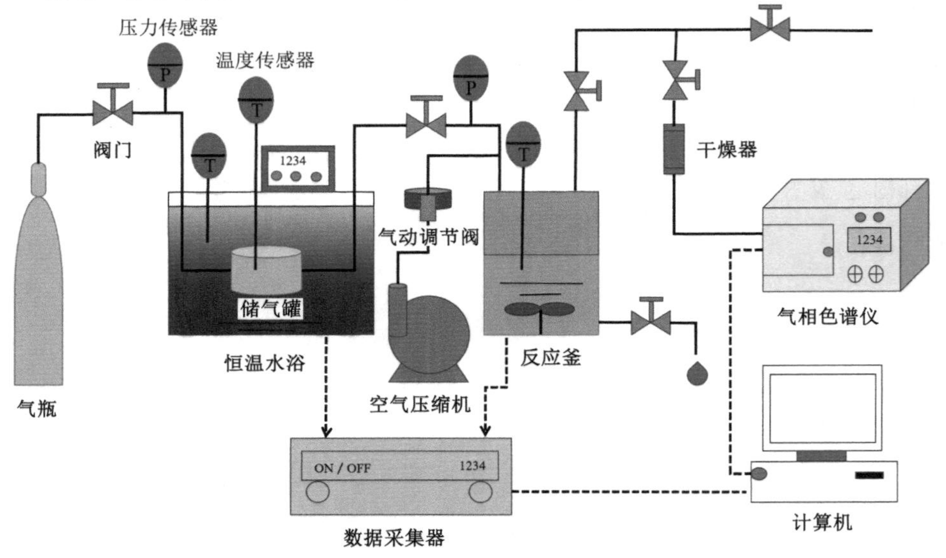

图 2-1　搅拌法生成 CO_2 水合物实验装置

程中反应釜和储气罐的温度和压力，并通过数据采集系统记录实验数据。

2.1.2　实验材料

本章研究所用的固态 ILs 及氨基酸化学结构如表 2-1、表 2-2 和图 2-2 所示。固态离子液体在特定条件下能够产生相变，相比普通离子液体，这类相变离子液体具有储能密度高、热稳定性好等优点，在储热、储能领域具有独特优势。作者将室温下为固态的季膦类、季胺类、杂环阳离子的离子液体作为添加剂，包括四乙基铵溴盐[N_{2222}]Br、四乙基铵双(三氟甲烷磺酰)亚胺盐[N_{2222}][NTf_2]、四乙基铵六氟磷酸盐[N_{2222}][PF_6]、三丁基乙基膦六氟磷酸盐[P_{2444}][PF_6]、三丁基己基膦六氟磷酸盐[P_{6444}][PF_6]、四丁基溴化铵[N_{4444}]Br 和四丁基溴化磷[P_{4444}]Br，所有离子液体纯度均≥99%，且都从中科院兰州化学物理研究所购买。在[N_{2222}]Br、[N_{2222}][NTf_2]、[N_{2222}][PF_6]、[P_{2444}][PF_6]、[P_{6444}][PF_6]中只有[N_{2222}]Br 可溶于水，溶解度为 600 g/L (20 ℃)；而其他四种均为固态离子液体，在实验条件下与水不相溶。实验中设置的质量分数分别为 0.25%、0.63%、0.95%、1.25%、3.75%、6.25%和 10%。此外，[N_{4444}]Br 和[P_{4444}]Br 也可溶于水，制备的 ILs 水溶液的质量分数分别为 0.25%、1%、2%、3%、5%，前者溶解度可达到 600 g/L (25 ℃)，后者溶解度为 700 g/L。杂环阳离子的离子液体包括 1-烯丙基-3-甲基咪唑六氟磷酸盐[AMim][PF_6]、1-乙基-3-甲基咪唑六氟磷酸盐[EMim][PF_6]、1-十二烷基-3-甲基咪唑六氟磷酸盐[C_{12}Mim][PF_6]、1-十六烷基-3-甲基咪唑六氟磷酸盐[C_{16}Mim][PF_6]、N-丁基吡啶六氟磷酸盐[BPy][PF_6]、N-辛基吡啶六氟磷酸盐[OPy][PF_6]、N-丁基-N-甲基吡咯烷六氟磷酸盐[PY_{14}][PF_6]、N-丁基-N-甲基哌啶六氟磷酸盐[PP_{14}][PF_6]等 8 种固态 ILs，氨基酸选用的是 L-精氨酸、L-组氨酸 2 种氨基酸，进行 CO_2 气体水合物形成和生长实验。设置实验起始温度为 12 ℃，实验压力为 2 MPa，分析 CO_2 水合物动力学参数(如气体消耗速率、气体消耗量、诱导时间)。实验气体来自郑州瑞安气体科技有限公司，CO_2 浓度≥99.9%。整个实验过程中用水为去离子水，该去离子水由焦作市鑫柏隆商贸有限责任公司提供。搅拌反应釜内注水量为 55 mL，使水平面位于反应釜可视窗中间以便于观察 CO_2 水合物的生长情况。

表 2-1　季膦类和季胺类离子液体名称及化学结构式

物质名称	化学试剂名称	纯度(质量分数)	化学结构式
[N_{2222}]Br	四乙基溴化铵	≥99.9%	
[N_{2222}][NTf_2]	四乙基铵双(三氟甲烷磺酰)亚胺	≥99.9%	

表 2-1(续)

物质名称	化学试剂名称	纯度(质量分数)	化学结构式
$[N_{2222}][PF_6]$	四乙基铵六氟磷酸	≥99.9%	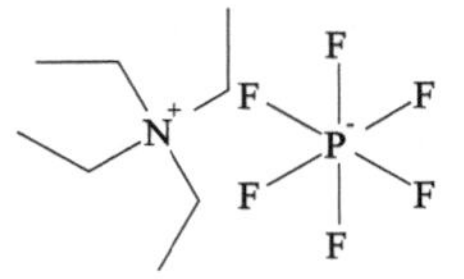
$[P_{2444}][PF_6]$	三丁基乙基膦六氟磷酸	≥99.9%	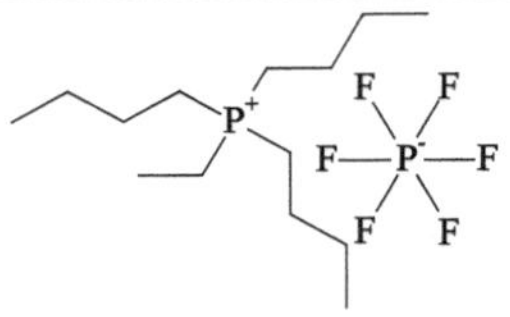
$[P_{6444}][PF_6]$	三丁基己基膦六氟磷酸	≥99.9%	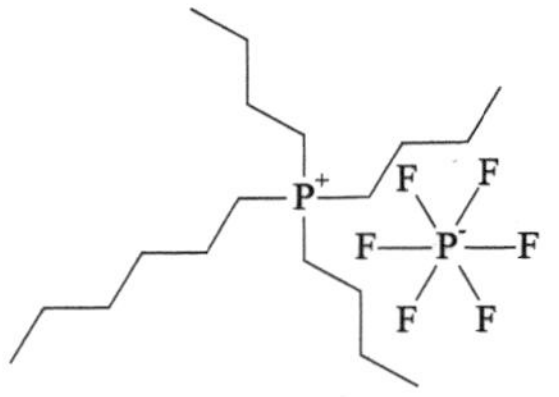
$[N_{4444}]Br$	四丁基溴化铵	≥99.9%	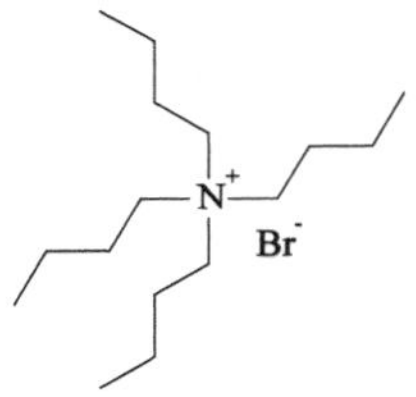
$[P_{4444}]Br$	四丁基溴化磷	≥99.9%	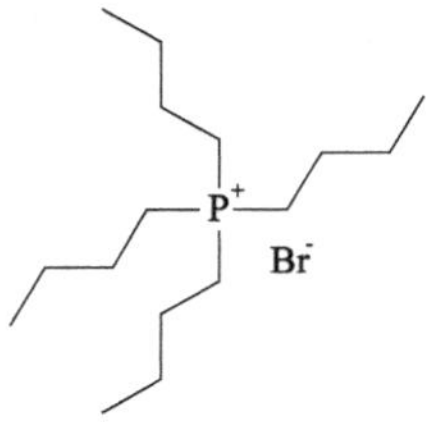

表 2-2 杂环阳离子的离子液体名称及化学结构式

物质名称	化学试剂名称	纯度(质量分数)	化学结构式
$[AMim][PF_6]$	1-烯丙基-3-甲基咪唑六氟磷酸盐	≥99%	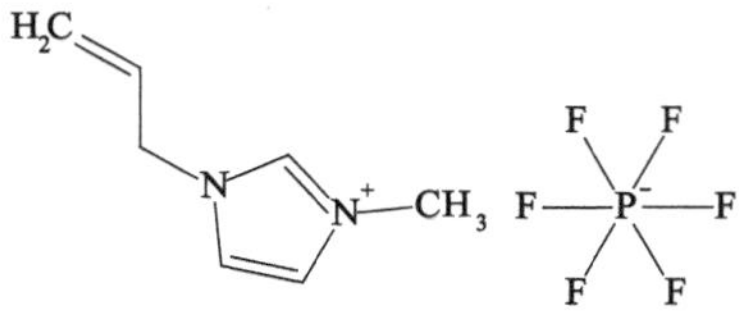

表 2-2(续)

物质名称	化学试剂名称	纯度（质量分数）	化学结构式
[EMim][PF_6]	1-乙基-3-甲基咪唑六氟磷酸盐	≥99%	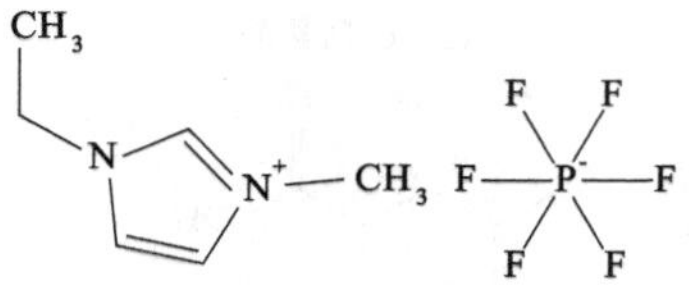
[C_{12}Mim][PF_6]	1-十二烷基-3-甲基咪唑六氟磷酸盐	≥98%	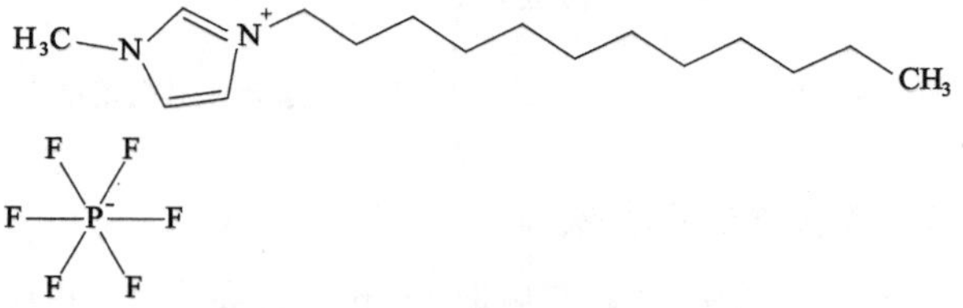
[C_{16}Mim][PF_6]	1-十六烷基-3-甲基咪唑六氟磷酸盐	≥98%	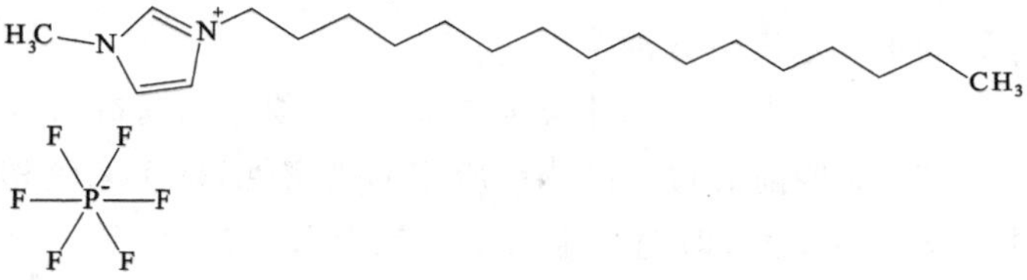
[BPy][PF_6]	N-丁基吡啶六氟磷酸盐	≥99%	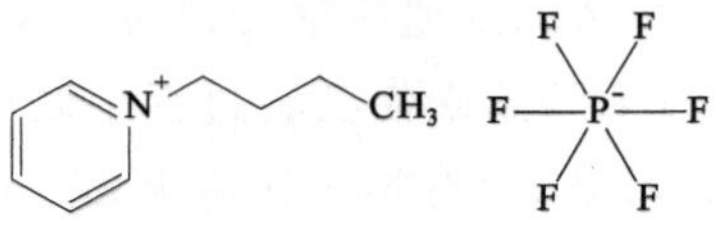
[OPy][PF_6]	N-辛基吡啶六氟磷酸盐	≥99%	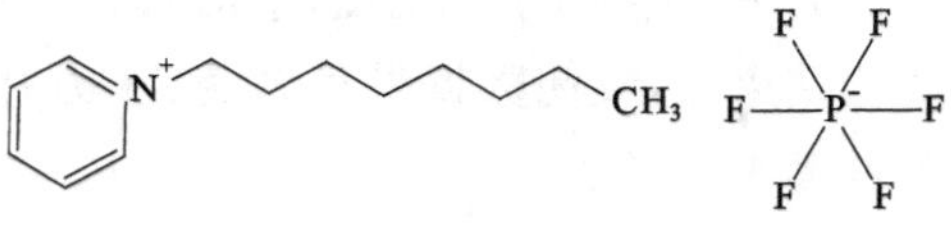
[PY_{14}][PF_6]	N-丁基-N-甲基吡咯烷六氟磷酸盐	≥99%	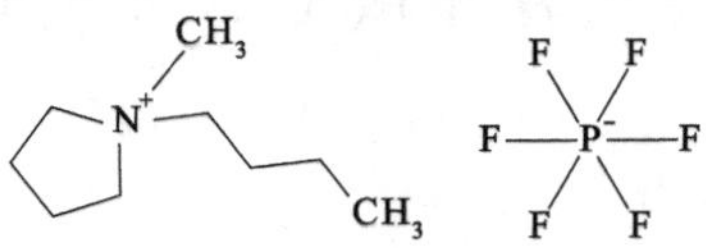
[PP_{14}][PF_6]	N-丁基-N-甲基哌啶六氟磷酸盐	≥99%	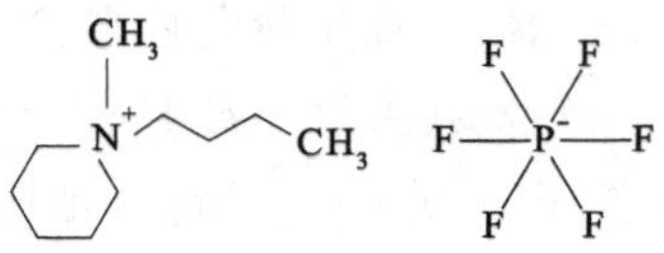

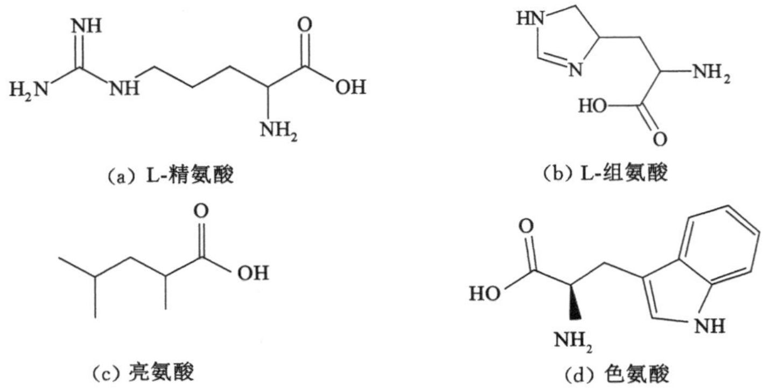

(a) L-精氨酸　　(b) L-组氨酸

(c) 亮氨酸　　(d) 色氨酸

图 2-2　实验所用氨基酸结构示意图

2.1.3　实验方法及步骤

(1) 实验前需用量筒称取 55 mL 去离子水，并用电子天平精确称量不同质量分数 ILs 用量，然后将二者倒入烧杯中搅拌均匀并充分混合，将 ILs 与去离子水混合配置成不同质量分数的 ILs 水溶液或浊液。

(2) 使用去离子水冲洗釜内壁 3 次，烘干后将配置好的样品溶液经玻璃棒引流至釜中。

(3) 实验前需检查高压反应釜的气密性，确保系统密封良好。将釜密封后使用 CO_2 气体对其进行吹扫，即先充注 1.0 MPa 气体，然后将气体放空，并反复进行 3 次以排除釜内残留空气。

(4) 将乙二醇浴的降温速率设置为 1 K/h 以使反应釜降温，将 CO_2 气体充入反应釜至 2 MPa，并打开压力补给阀使实验过程中储气罐压力维持在 2 MPa 左右。待反应釜温度稳定后打开磁力搅拌器，设置转子转速为 800 r/min。

(5) 打开数据采集系统记录反应釜内部的温度和压力变化。待反应釜内压力不再下降并从可视窗内观察到液态水全部变成固态时，说明反应完成。

(6) 实验结束后，关闭数据采集系统、压力补给阀和转子。为保证实验结果的准确性，每个实验至少重复 3 次。

2.2　荷电喷雾法生成 CO_2 水合物实验

2.2.1　实验设备

荷电喷雾法合成 CO_2 水合物实验装置(ESHS)结构如图 2-3 所示。该装置主要由供气系统、高压静电发生器、可视化荷电喷雾釜、恒温浴槽冷却控制系统、数据采集系统组成，整套装置为自行设计研发并由海安县石油科研仪器有限公司生产。

储气罐的工作压力为 0～10 MPa，容积为 450 mL，工作温度范围 −20～100 ℃，温度波动度 ±0.05 ℃，由 304 不锈钢制成，置放在低温浴槽中。荷电喷雾釜为圆柱形高压反应釜，采用可视化结构(由 5 个高度不同的可视窗组成)，可利用摄像系统(Canon EOS 200D II)采集

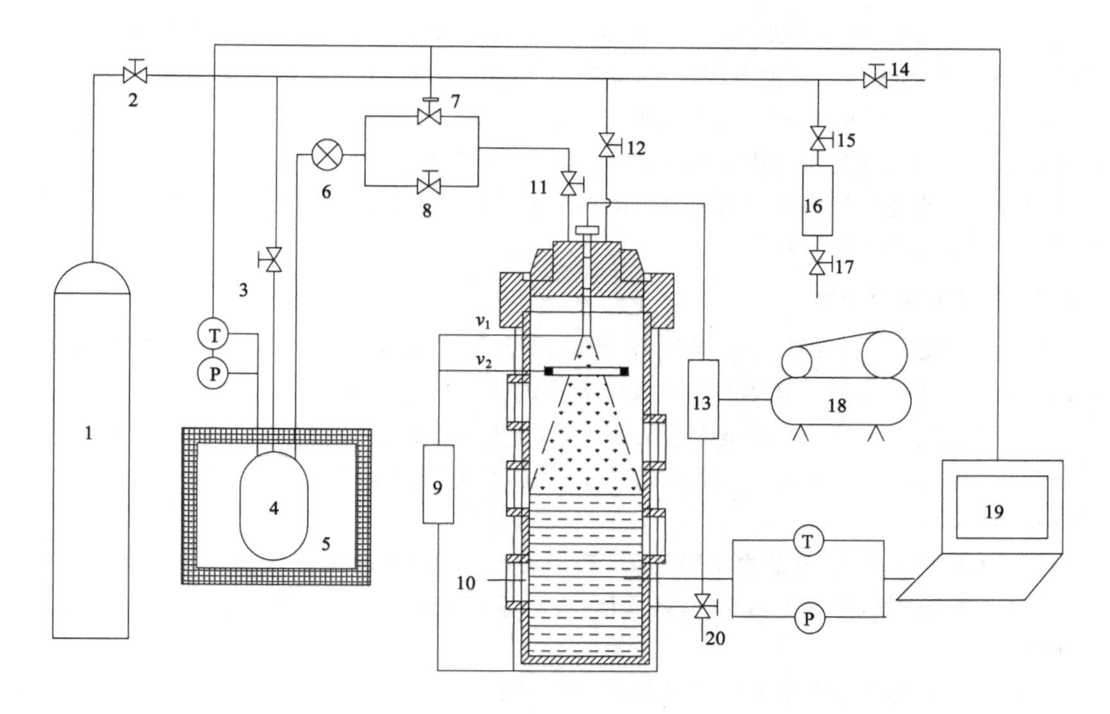

1—CO_2 高压气瓶；2—减压阀；3—储气罐进气阀；4—CO_2 储气罐；5—恒温浴槽冷却控制系统；
6—流量调节阀；7—气动控制阀；8—喷雾釜进气缓冲阀；9—电压源；10—喷雾釜可视窗；11—喷雾釜进气阀；
12—喷雾釜排气阀；13—循环泵；14—系统排气阀；15,16,17—采样器系统；18—空气压缩机；
19—数据采集系统；20—喷雾釜排水阀。

图 2-3　荷电喷雾法生成 CO_2 水合物实验装置

水合物制备过程中的形态变化特征，其实物图如图 2-4 所示。该釜除可视窗口材料为耐压玻璃外，其余由 304 不锈钢制成，高径比约为 3∶1，工作压力最大可达 10 MPa，工作温度范围 −20～80 ℃，容积约 4 000 mL。釜内设有 Pt100 热电阻用于测量釜中气相温度，测量精度为 ±0.01 K；同时设有压力传感器使喷雾釜气体压力维持在设定数值，测量精度为 ±0.01 MPa。

（a）外视图

（b）俯视图

（c）带有环形电极的荷电喷雾釜上盖

图 2-4　荷电喷雾釜实物

荷电喷雾通过喷针-环形电极荷电喷雾装置实现。由高压电源(TD2200,大连泰思曼科技有限公司)为该装置提供一定的电压输入,并利用 TD2202 组态软件实时监测电压。喷嘴采用 304 不锈钢高压锥形喷头,喷雾形状呈锥形,喷雾角为 45°,喷嘴流量为 5.25 cm^3/s。液体增压喷洒系统采用气动控制增压泵注入液体,液体注入速度通过空气压缩机调压阀控制。实验过程中的喷雾釜内压力衰减可通过自动补压系统(由空气压缩机进行气体驱动)来调节,以保持实验过程中气源通畅。

2.2.2 实验方法及步骤

实验开始之前应仔细检查系统管路、阀门、储气罐和喷雾釜的密封性,在确保密闭良好的情况下方可进行实验。具体的实验操作步骤如下:

(1) 用去离子水清洗喷雾釜内壁及法兰盖,重复该操作 3 次,直至反应釜内壁没有水珠悬挂为止。将 700 mL 去离子水倒入荷电喷雾釜,装上法兰上盖和液体循环喷洒管路并保证气密性良好。

(2) 为避免釜内空气影响实验结果,需进行洗气操作,向喷雾釜内通入 CO_2 气体至 1.0 MPa,停止进气,静置 1 min 后,将气体排出,重复该操作 3 次,以保证将喷雾釜内的空气排净。

(3) 设置恒温浴槽降温速率(本实验在水浴温度>279.15 K 时,降温速率为 0.2 K/min;在水浴温度<279.15 K 时,降温速率为 1 K/h),打开恒温浴槽冷却控制开关给喷雾釜降温。

(4) 当喷雾釜温度降至设定温度时,向釜内通入 CO_2 气体至设定压力并使其保持稳定。喷雾釜进气方式需在荷电喷雾装置实验台控制面板上设置为振荡进气,开启气动控制阀使自动补压系统调节进气量,即每当反应釜压力衰减至设定压力时,该系统会自动为喷雾釜补气,压力上升约 0.1 MPa,停止进气,进气过多会对喷雾釜温度造成干扰。

(5) 连接高压装置,将电压正极线钳子连接在喷雾釜法兰上盖的喷针电线接口处,负极线接地,打开电压源开关并在 TD2202 组态软件中设置相应参数以实时监测电压。

(6) 打开空气压缩机阀门确保液体循环喷洒管路正常喷雾,当温度采集系统达到设定温度时开始实验并打开 ESHS 荷电喷雾法生成水合物数据采集系统记录反应过程中的温度、压力变化,并通过可视窗观察釜内水合物的生长情况。

(7) 当反应釜内喷头不再喷水、储气罐压力稳定时,确保所有的水都完全生成水合物。关闭数据采集系统、电压源和气动控制阀,结束实验。

对于荷电喷雾法下 ILs 影响 CO_2 水合物生成实验,在实验前需用量筒称取 700 mL 去离子水(使气液界面位于可视窗范围内,便于观察 CO_2 水合物的生长情况),并用电子天平精确称量不同质量分数 ILs 用量,然后将两者倒入烧杯中搅拌均匀并充分混合形成 ILs-水复配体系。其余操作重复荷电喷雾法下生成 CO_2 水合物的实验步骤(1)—(7),在此不再赘述。

2.3 实验数据的处理与计算

气体水合物的生成过程类似于晶体结晶过程,可近似分为成核期和晶体生长期[162]。

(1) 成核

气体水合物成核是指在水合物形成气体过饱和的溶液中形成一种具有临界尺寸的、稳定的晶核的过程。当溶液处于过冷状态或过饱和状态时,就可能发生成核现象。成核过程中,溶剂与溶质、浓度与温度之间存在着一定的关系,过饱和度引起亚稳态成核。水合物结晶过程中的成核分为两种情况:均相成核与非均相成核。

均相成核是指在没有杂质情况下的凝固过程。在自催化作用下,可能发生一系列的二元分子对撞:

$$A+A \rightleftharpoons A_2$$

$$A_2+A \rightleftharpoons A_3$$

$$A_{n-1}+A \rightleftharpoons A_n$$

达到临界尺寸后,分子簇将连续生长。均相成核只是一种特殊情况,溶液中不可能完全排除其他类粒子的存在。

一般情况下,在过冷度小于均相成核所需值时,由于其他粒子的出现而发生非均相成核。此时,临界过量 Gibbs 自由能($\Delta G'_{crit}$)与均相成核的 ΔG_{crit} 之间的关系为 $\Delta G'_{crit}=\varphi\Delta G_{crit}$。对于非均相成核,除了现成的固体杂质作为基底来促进成核外,各种外加力场(电场、磁场、辐射场以及超声波等)对水合物晶核形成均有影响作用。

(2) 晶体生长

稳定水合物晶核(即颗粒大于临界值)在过饱和或过冷体系中形成即可生长成晶体。晶体生长最重要过程其实是一界面过程,包括气体分子从母液相传输到生长界面以及在界面上定位成为水合物晶体的一部分的过程。

影响晶体生长的因素包括过饱和度、粒度、物质移动的扩散过程(包括结晶体与溶液间的相对流速,以及溶液的黏度、表面张力等物性)。从扩散理论分析,水合物晶体生长包括以下三个步骤:

① 气体分子由溶液扩散到晶体表面附近的静止液层。

② 气体分子穿过静止液层后,到达晶体表面,在晶体表面生长,晶体增大,放出结晶热。

③ 释放的结晶热再扩散传递到溶液的主体中。

2.3.1 CO_2 水合物热力学相平衡条件测定方法

利用水合物法分离低浓度煤层气或储运气体时,体系的温度压力条件只有处于水合物相平衡线的左上方才能使水合物生成或稳定存在。相平衡条件是水合物的固有属性,就如同精馏中的泡点和露点一样,是水合物实验和应用中不可或缺的重要数据。常用测量气体水合物相平衡条件的方法可分为观察法和图形法[163]。气体水合物的热力学相平衡状态指气-液-固三相共存状态,并将气相、液相和固态水合物相三相共存时的温度和压力称为相平衡温度和相平衡压力[164]。

观察法适用于可视反应釜,通过反应釜上的透明视窗可以直接观察水合物的形成和生长,透明视窗一般由蓝宝石制成,成本较高。水合物形成过程中,溶液会在水合物生成时缓慢变浑浊,在分解时又会变清澈,其间溶液的折射率会发生变化,可以使用高清摄像机或激光设备进行观察测量,折射率发生变化时反应釜内的温度和压力就是水合物的相平衡条件。图形法适用于非可视反应釜,一般分为定温、定压和定容三种。该方法通过保持温度、压力或容积三参数中某一个参数不变,测得其他两个参数变化的趋势,再通过合适的相平衡判断依据判断是否达到相平衡。

本章将结合观察法和图形法判断气体水合物相平衡参数。图形法指的是通过数据采集系统实时采集实验过程中水合物生成时间、温度和压力等数据[159]。观察法是指用肉眼/摄像机观察反应釜内水合物生成情况以便确定水合物的相平衡数据。因此,当在溶液中仅观察到微量水合物晶体且体系温度出现急剧上升时,将该点作为气体水合物形成的相平衡点,而此刻反应釜内的温度和压力即该体系下气体水合物的相平衡温度和相平衡压力。由于气体水合物的成核具有随机性且易受杂质、环境和过冷度的影响,因此需对同一体系进行多次重复实验以保证实验结果的可靠性,然后确定相应的相平衡温度。

2.3.2 CO_2 水合物生成动力学参数确定方法

(1) 诱导时间

水合物的形成过程存在诱导期,即使系统的温压条件在相平衡曲线的左上方,满足水合物的热力学条件,水合物也不会立即快速大量生成,系统会保持亚稳态一段时间。对于诱导期的定义,可采用粒度观测法和压力变化法。

粒度观测法:该方法建立在微观测量方法上,定义出现晶核以上水合物簇时诱导期结束。可以通过激光粒度仪测得体系的遮光比,当晶核形成时,水合物晶核对激光进行散射和吸收,遮光比发生突变,从而定义诱导期终点。这种方法必须在可视反应釜中使用,并且对设备的精度要求较高。

压力变化法:该方法建立在宏观测量方法上,水合物形成之前气体溶解会导致压力略微下降;溶解结束之后,降温阶段 P-T 曲线斜率会稳定;当水合物开始生成时,会消耗气体,压力发生明显变化,降温曲线斜率发生突变。根据 P-T 曲线的突变点可判断诱导时间。

水合物在形成少量微观尺度的晶核时并不会导致宏观压力的剧烈变化,压力变送器的精度不足以监测到这种变化,只有当水合物大量形成时,才能确定诱导期的结束时间。因而压力变化法相对粒度观测法误差较大,但满足工程需要,同时能在非可视反应釜中使用,适用面更广,故通常采用压力变化法获取诱导时间。

气体水合物生成过程通常分为成核诱导和快速生长两个阶段。水合物成核诱导过程是指在一段时间内晶核形成并生长到临界尺寸的过程。在水合物生成动力学研究过程中,诱导时间是判断气体水合物成核快慢的关键标准之一。当在宏观尺度上晶核直径达到临界尺寸后,诱导成核过程结束,体系进入水合物生长阶段。当前,关于水合物诱导时间的定义方法主要分为宏观定义法和微观定义法[165]。宏观定义法指当实验体系从反应开始进入平衡状态后，体系中首次出现大量的可视水合物晶体所需的时间，该定义方法被 Kashchiev 等命名为多核理论[166]；而微观定义法指的是从体系达到平衡条件至出现首个超量核水合物晶体所需要的时间，这种方法被 Kashchiev 等命名为单核理论[167]。这里，将从反应开始到出现大量可视水合物晶体的这段时间定义为诱导时间，该时间可通过 P-T-t 水合物相平衡曲线，在下述图 3-1 中从反应开始到温度发生骤然陡升所需的时间，并结合可视窗首次观察到大量可视水合物晶体来确定，该定义在本质上与宏观定义诱导时间法一致。在下述图 3-1中的 $t_{ind}-t_0$ 时间段，即诱导时间。

(2) 快速生长时间

当实验体系经过长诱导时间形成临界水合物晶体后，水合物晶核开始快速生长，CO_2 气体不断进入水合物笼中并被固存生成 CO_2 水合物，这种快速生成过程一直持续有效地进行，直到反应釜中的液态水全部转化为固态水合物，则代表水合反应完成，这一阶段称为快速生长期。而快速生长期所持续的时间为快速生长时间。下述图 3-1 中 $t_{end}-t_{ind}$ 代表快速生长时间，结合这两幅图可以看到，压力曲线在 t_{ind} 时间点开始急剧下降，呈陡坡下滑趋势，随着水合反应的进行下降速率逐渐减小，直到 t_{end} 时间点压力再次呈平稳状态。而在 t_{ind} 点的温度曲线则呈现出骤然上升趋势，在短时间内反应釜温度达到温度峰值而后回落，到 t_{end} 时温度曲线逐渐平稳。在水合物的快速生长期，压力、温度曲线产生这种变化的原因是当水合物开始快速大量生成时，水分子形成的水合物笼将不断捕获 CO_2 分子，使 CO_2 气体被大量消耗生成 CO_2 固态水合物，从而导致储气罐压力持续降低，同时水合反应是放热反应，随反应进行释放出大量的反应热，直到液态水全部转化为固态水合物。

(3) 气体消耗量

气体消耗量指气体水合物生成过程中消耗的气体的物质的量，是评价气体水合物动力学过程的重要指标之一，计算表达过程见式(2-1)至式(2-3)。

由第二维里系数实验值，通过加权最小二乘法拟合得到第二维里系数[168]，具体公式见式(2-1)：

$$B = 5.740\,0 \times 10 - \frac{3.882\,9 \times 10^4}{T} + \frac{4.289\,9 \times 10^5}{T^2} - \frac{1.466\,1 \times 10^9}{T^3} \tag{2-1}$$

根据初始压力 P_0、任一 t 时刻压力 P_t、温度 T、第二维里系数 B 计算得到初始压力与任一 t 时刻压力下的压缩因子 Z_0，Z_t，其具体表达式见式(2-2)：

$$Z = 1 + \frac{BP}{RT} \tag{2-2}$$

根据气体状态方程计算水合反应过程任一 t 时刻的 CO_2 气体消耗量，表达式见式(2-3)[169-170]：

$$\Delta n_t = \frac{P_0 V}{Z_0 R T_0} - \frac{P_t V}{Z_t R T_t} \tag{2-3}$$

式中　Δn_t——实验过程中水合反应任一 t 时刻的气体消耗量，mol；

V——储气罐体积，mL；

P_0，P_t——储气罐初始压力和任一 t 时刻压力，MPa；

T_0, T_t——储气罐初始温度和任一 t 时刻温度,K;

Z_0, Z_t——水合反应初始时刻和任一 t 时刻气体压缩因子,cm^3/mol;

R——摩尔气体常数,8.314 5 J/(mol·K)。

(4) 气体消耗速率

气体消耗速率表示在生成水合物过程中消耗实验气体的快慢程度,是评价气体水合物动力学过程气体消耗快慢的指标,计算表达式见式(2-4):

$$v_t = \left(\frac{d\Delta n_t}{dt}\right) = \frac{\Delta n_{t,t+\Delta t} - \Delta n_{t,t}}{\Delta t} \tag{2-4}$$

式中 v_t——t 时刻气体消耗速率,mol/s;

Δn_t——t 时刻的气体消耗量;

Δt——时间步长,其值由数据采集系统的时间间隔决定,此处 $\Delta t = 1$ s。

(5) 水合物转化率

在形成 CO_2 水合物的过程中,CO_2 和水的物理反应见式(2-5)[171]:

$$CO_2 + MH_2O \longrightarrow CO_2 \cdot MH_2O \tag{2-5}$$

纯组分逸度计算公式见式(2-6)[172]:

$$\ln\frac{f}{P} = Z - 1 - \ln(Z - B) - \frac{A}{2\sqrt{2}B}\ln\left(\frac{Z + 2.414B}{Z - 0.414B}\right) \tag{2-6}$$

$$A = \frac{a(T)P}{R^2T^2}, B = \frac{bP}{RT} \tag{2-7}$$

$$a(T) = a(T_c) \times a(T_r, \omega); b(T) = b(T_c) \tag{2-8}$$

$$a(T_c) = 0.457\ 24\frac{R^2T_c^2}{P_c}; b(T_c) = 0.077\ 80\frac{RT_c}{P_c} \tag{2-9}$$

$$a(T_r, \omega) = [1 + (0.374\ 64 + 1.542\ 26\omega - 0.269\ 92\omega^2)(1 - T_r^{0.5})]^2 \tag{2-10}$$

$$T_r = \frac{T}{T_c} \tag{2-11}$$

式中 T, T_c——储气罐温度和 CO_2 临界温度,K;

P, P_c——储气罐压力和 CO_2 临界压力,MPa;

ω——CO_2 偏心因子;

T_r——对比温度。

水化数目 M 计算见式(2-12)[171]:

$$M = \frac{46}{6\theta_L + \theta_S} \tag{2-12}$$

式中,θ_L 和 θ_S 分别为大孔穴和小孔穴百分数,由式(2-13)计算得到:

$$\theta_i = \frac{C_i f_{CO_2}}{1 + C_i f_{CO_2}} \tag{2-13}$$

式中 f_{CO_2}——CO_2 气体 t 时刻的逸度系数;

C_i——CO_2 水合物第 i 种孔穴的朗缪尔常数[173-174],由式(2-14)计算得到:

$$C_i = \frac{A_i}{T}\exp\left(\frac{B_i}{T}\right) \tag{2-14}$$

式中　A_i，B_i——常数，小孔穴：$A_i = 2.474\times10^{-4}$ K/atm，$B_i = 3\ 410$ K；大孔穴：$A_i = 4.246\times10^{-2}$ K/atm，$B_i = 2\ 813$ K[175]。

水到水合物的转换定义为每摩尔水转换为水合物的物质的量，计算见式(2-15)：

$$\text{Conversion} = \frac{M\Delta n_{CO_2}}{n_{w0}} \tag{2-15}$$

式中　n_{w0}——反应初始时刻水的物质的量，mol。

3　固态季膦类、季胺类 ILs-水体系中 CO_2 水合物生成实验

本章介绍了搅拌法下常温固态的季膦类、季胺类 ILs 对 CO_2 水合物生成的热动力学特性的影响规律。作者将这些低毒环保的室温固态 ILs 分为三类：(1) 不同阴离子的 ILs ([N_{2222}]Br、[N_{2222}][NTf_2]和[N_{2222}][PF_6])；(2) 不同阳离子烷基侧链长度的 ILs ([P_{2444}][PF_6]和[P_{6444}][PF_6])；(3) 不同阳离子中心元素的 ILs([N_{4444}]Br 和[P_{4444}]Br)。实验将 7 种 ILs 分别和去离子水进行复配，考察在 2 MPa 下，不同种类和浓度的 ILs 对 CO_2 水合物生成热动力学规律的影响，分析参数包括相平衡温度、诱导时间、气体消耗量和气体消耗速率，并分析 ILs 对 CO_2 水合物生成的作用机理。

3.1　CO_2 水合物生成实验

图 3-1 是磁搅拌体系 ILs 作用下生成 CO_2 水合物的 P-T-t 经典曲线。由图可知，在 t_0—t_1 阶段储气罐压力因气体快速溶解于 ILs 溶液而快速下降。同时，反应釜温度在循环制冷剂的作用下快速下降。在 t_1—t_{ind} 阶段(即成核诱导阶段)，溶液趋于饱和，储气罐压力和反应釜温度在乙二醇浴的冷却下均呈线性缓慢下降趋势。在 t_{ind}—t_{end} 阶段(即生长阶段)，t_{ind} 点水合物开始瞬间大量生成，储气罐压力显著下降，同时釜内温度急剧上升。这是

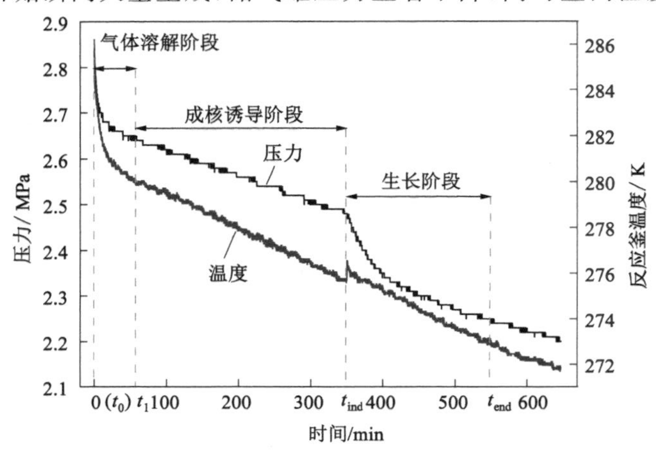

图 3-1　有 ILs 存在体系中 CO_2 水合物生成过程 P-T-t 曲线(2 MPa)

由于水合过程是放热反应，短时间内水合物大量生成的反应热不能及时移除而导致体系温度显著增加。当溶液温度上升到一定程度后，水合物的形成速率降低，反应热可及时与冷却液交换，因此釜内温度再次按原来的降温速率正常降温。但此时压降速率未有明显变化，这是因为仍有水合物持续生成。在 t_{end} 之后，储气罐压力趋于平缓，说明水合反应完成，实验结束。

3.2 CO_2 水合物热力学相平衡分析

为了确定 ILs 的浓度和类型对 CO_2 水合物相平衡温度的影响，分析并讨论不同浓度的 ILs＋CO_2＋H_2O 体系的相平衡温度。图 3-2 展示了 2MPa 下，第一类 ILs（$[N_{2222}]$Br，$[N_{2222}][NTf_2]$，$[N_{2222}][PF_6]$）的 CO_2 水合物的平衡温度分布图。在图中可以看到，纯水体系的相平衡温度为 276.25 K，而第一类 ILs 体系的相平衡温度均小于 276.25 K，说明第一类 ILs 使 CO_2 水合物的相平衡温度向更低温方向移动，均表现出热力学抑制作用。就$[N_{2222}]$Br 而言，当 ILs 浓度小于 1wt%时，相平衡温度波动不定，无明显规律；当浓度大于 1wt%时，相平衡温度随 ILs 浓度增加呈下降趋势。同样地，加入$[N_{2222}][NTf_2]$和$[N_{2222}][PF_6]$后的变化规律基本与$[N_{2222}]$Br 相同。值得注意的是，在浓度大于 1wt%时，三种 ILs 体系的相平衡温度分布差异增大。在 2 MPa 下，10wt%$[N_{2222}]$Br、$[N_{2222}][NTf_2]$、$[N_{2222}][PF_6]$使 CO_2 水合物的相平衡温度分别降低了 5.60 K、3.20 K、1.40 K。阴离子对 CO_2 水合物的热力学抑制效果排序为 $Br^- > [NTf_2]^- > [PF_6]^-$。产生这种现象的可能原因是 ILs 的抑制作用随阴离子尺寸的减小/电荷密度的增大而增大，相比其他阴离子 Br^- 的尺寸最小，电荷密度最大，与水分子形成氢键的能力最强，从而最大限度地抑制了水合物笼的形成，因此可以看出$[N_{2222}]$Br 在水合物抑制方面有巨大的应用潜力。

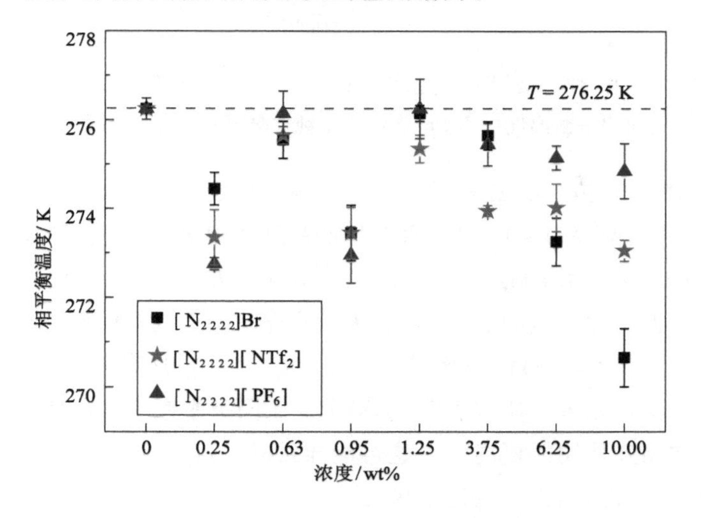

图 3-2 含$[N_{2222}]$Br、$[N_{2222}][NTf_2]$和$[N_{2222}][PF_6]$体系中 CO_2 水合物生成的相平衡温度（2 MPa；虚线表示纯水体系的相平衡温度，为 276.25 K）

第二类 ILs（[P_{2444}][PF_6]、[P_{6444}][PF_6]）体系的相平衡温度分布图如图 3-3 所示。在图中只有浓度为 0.25wt%和 0.95wt%的[P_{2444}][PF_6]、[P_{6444}][PF_6]体系相平衡温度小于纯水体系，而其余浓度下的相平衡温度均略高于纯水体系。总体来看，第二类 ILs 能使 CO_2 水合物的相平衡温度向更高温的方向移动，表现出轻微的热力学促进作用。当第二类 ILs 浓度小于 1wt%时，相平衡温度变化规律与第一类 ILs 相同，但在浓度＞1wt%时，相平衡温度随 ILs 浓度增加无明显变化。在 2MPa 下，10wt%[P_{2444}][PF_6]和[P_{6444}][PF_6]体系使 CO_2 水合物的相平衡温度分别增加了 0.90 K、0.30 K。这说明高浓度的第二类 ILs 并不会更有利于 CO_2 水合物的形成，这可能是由于两者为固态 ILs，随 ILs 质量分数的增加，溶液中的阴阳离子浓度并无明显变化。这说明 ILs 的种类和浓度都对 CO_2 水合物的相平衡温度起着重要的影响。

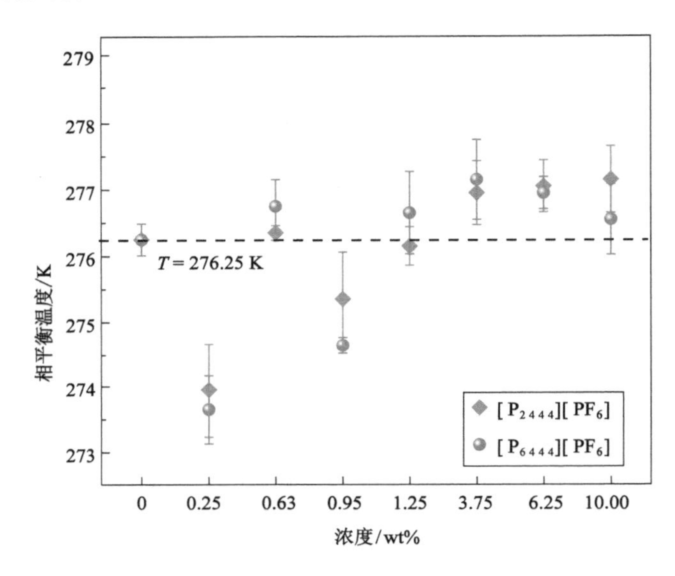

图 3-3　含[P_{2444}][PF_6]和[P_{6444}][PF_6]体系中 CO_2
水合物生成的相平衡温度（2 MPa；虚线表示纯水体系的相平衡温度，为 276.25 K）

图 3-4 为 2 MPa 下，第三类 ILs（[N_{4444}]Br 和[P_{4444}]Br）的 CO_2 水合物的相平衡温度分布图。从图中可知，两种 ILs 对 CO_2 水合物的相平衡温度均有显著的影响。除 0wt%外，随 ILs 浓度升高 CO_2 水合物的相平衡温度升高，这说明第三类 ILs 使 CO_2 水合物的相平衡温度向更高的温度方向移动，但只有当 ILs 浓度大于 3wt%时，才表现出热力学促进作用。另外，同浓度[P_{4444}]Br 体系的相平衡温度大于[N_{4444}]Br，这说明[P_{4444}]Br 对 CO_2 水合物有更好的热力学促进效果。研究表明，季膦 ILs 比同类季铵 ILs 的空间位阻更小、阴阳离子间的电荷转移和相互作用能更高[176]，这可能导致[P_{4444}]Br 存在下的半笼形水合物更容易形成，空间结构更稳定，热力学促进效果更好。

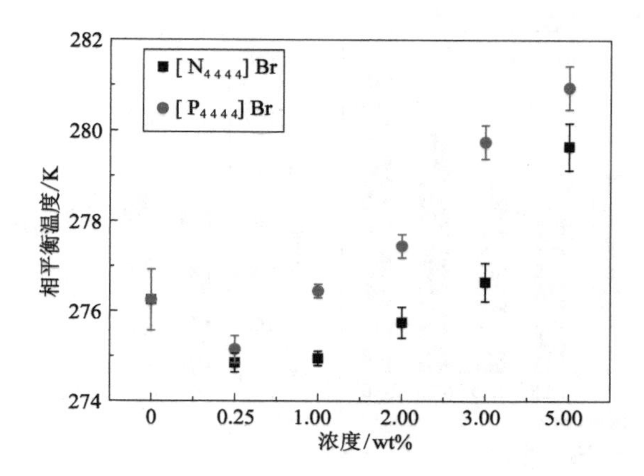

图 3-4　含$[N_{4444}]Br$和$[P_{4444}]Br$体系中 CO_2 水合物生成的相平衡温度(2 MPa)

3.3　CO_2 水合物生成动力学分析

3.3.1　诱导时间

诱导时间可用于衡量水合物生成的快慢。诱导时间是从反应开始至磁反应釜温度突然上升所经历的时间,可由 *P-T* 曲线来确定。

图 3-5 所示为 2 MPa 下不同质量分数的 $ILs+CO_2+H_2O$ 体系下水合物的诱导时间,重复实验诱导时间的变化用误差棒表示。图 3-5(a)显示浓度为 0.25wt%、0.63wt%、0.95wt%、1.25wt%、3.75wt%、6.25wt%和 10.00wt%的$[N_{2222}]Br$水溶液生成 CO_2 水合物的诱导时间分别为 491 min、420 min、477 min、390 min、422 min、572 min 和 712 min,与纯水系统相比(324 min),诱导时间分别增加了 51.54%、29.63%、47.22%,20.37%、30.25%、76.54%和 119.75%。这说明$[N_{2222}]Br$可作为抑制剂延缓水合物的生成。此外,ILs 浓度是影响诱导时间的一个重要因素。当$[N_{2222}]Br$浓度小于 1wt%时,ILs 的质量分数与诱导时间并无明显的相关性;而当浓度大于 1wt%时,诱导时间随浓度增加而增加,这说明在 1.25wt%~10wt%范围内 ILs 浓度越高对 CO_2 水合物形成的抑制作用越明显。

如图 3-5(b)和图 3-5(c)所示,对于$[N_{2222}][NTf_2]$和$[N_{2222}][PF_6]$而言,所有浓度体系的诱导时间都比纯水体系长,这说明两者都是抑制剂。在浓度≤1wt%时,诱导时间与浓度间的变化规律与$[N_{2222}]Br$几乎相同。然而在浓度>1wt%时,诱导时间并没有随浓度升高呈增加趋势,而是在某一数值附近波动。这可能是由于$[NTf_2]^-$和$[PF_6]^-$是疏水的,这两种 ILs 在水中均以固体形式存在,并不能溶剂化,随 ILs 浓度增大,水中的阴阳离子数量并未有较大变化,因此诱导时间未随浓度变化而表现出明显不同。此外,0.25wt%$[N_{2222}][NTf_2]$和$[N_{2222}][PF_6]$体系形成 CO_2 水合物的诱导时间均大于 10wt%的$[N_{2222}][NTf_2]$和$[N_{2222}][PF_6]$样品溶液,这表明高浓度 ILs 在延缓水合物形成方面并没有表现出更强的优势。

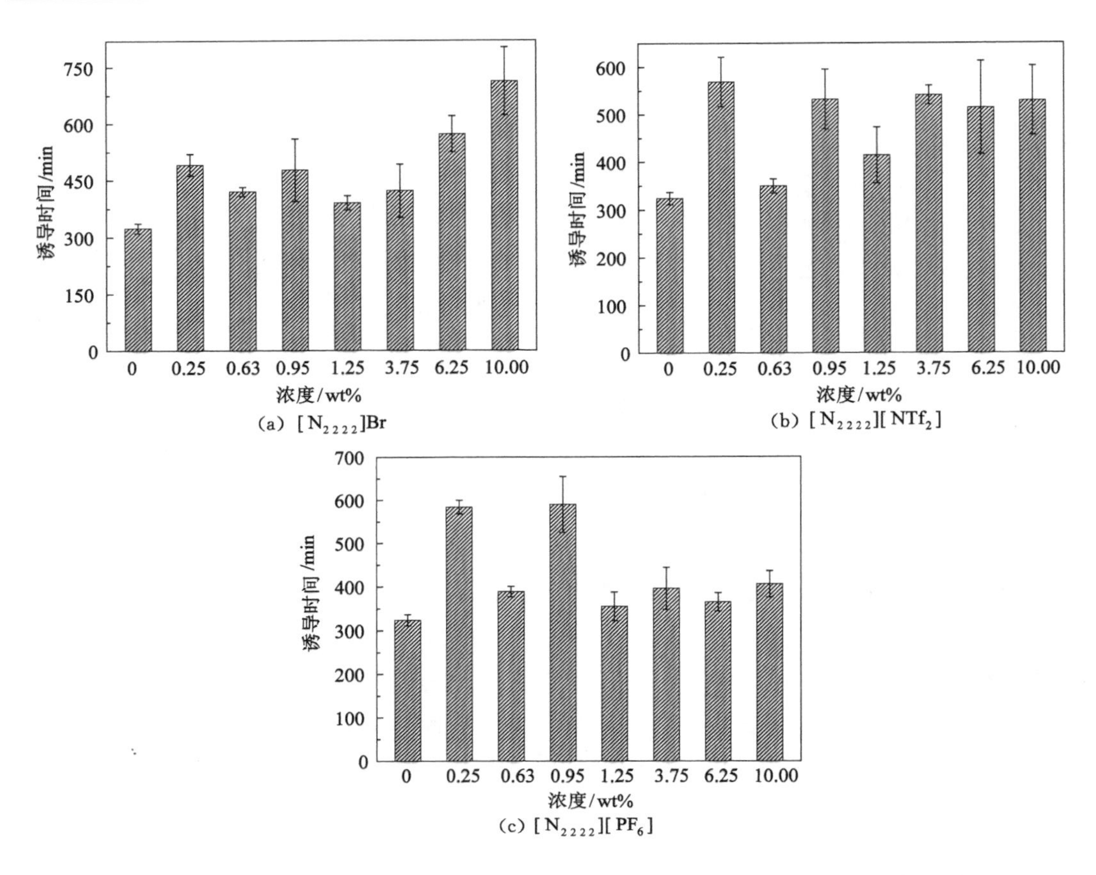

图 3-5　含[N_{2222}]Br、[N_{2222}][NTf_2]和[N_{2222}][PF_6]体系中 CO_2 水合物形成的诱导时间(2 MPa)

如图 3-6(a)所示,2 MPa 下 0.25wt%、0.63wt%、0.95wt%、1.25wt%、3.75wt%、6.25wt%和 10wt%[P_{2444}][PF_6]体系的诱导时间分别为 495 min、362 min、393 min、303 min、265 min、284 min、260 min。在浓度≤1wt%时,变化规律与第一类 ILs 一致,相较

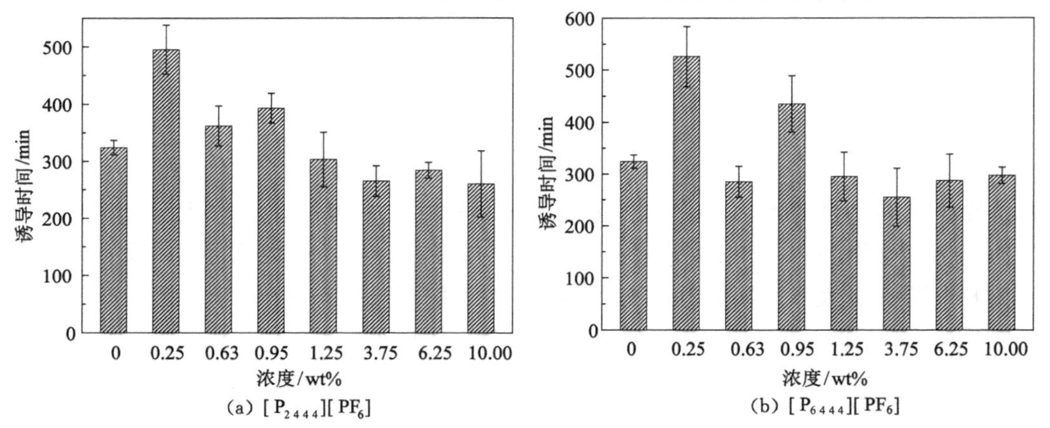

图 3-6　含[P_{2444}][PF_6]、[P_{6444}][PF_6]体系中 CO_2 水合物形成的诱导时间(2 MPa)

纯水体系 0.25wt%、0.63wt%、0.95wt%下诱导时间分别增加 52.78%、11.73%、21.30%，说明低浓度 ILs 对 CO_2 水合物的形成起抑制作用。而浓度＞1wt%时，1.25wt%、3.75wt%、6.25wt%和 10wt%下诱导时间相较纯水体系分别减小了 6.48%、18.21%、12.35%、19.75%，说明诱导时间随浓度增加未有明显变化，且在该浓度范围 ILs 对 CO_2 水合物的形成起促进作用。[P_{6444}][PF_6]的结果与[P_{2444}][PF_6]一致。

图 3-7 为 2 MPa 下，第一类 ILs 和第二类 ILs 体系的诱导时间对比图。观察表明，第一类 ILs 体系的诱导时间均大于纯水体系，说明第一类 ILs 均抑制水合物形成。经分析发现，低浓度时第一类 ILs 体系的诱导时间相差不大；只有当浓度大于 3.75wt%时，诱导时间才表现出较大的差异。比如，在 6.25wt%和 10.00wt%时，阴离子对诱导时间的延长作用排序为 Br^-＞[NTf_2]$^-$＞[PF_6]$^-$，这说明 Br^- 对 CO_2 水合物形成的抑制作用最有效。据报道，阴离子对水合物形成的抑制作用随着尺寸减小或电荷密度增加而增加。因此，相较[NTf_2]$^-$和[PF_6]$^-$，Br^- 的尺寸非常小、电荷密度高，因而有利于抑制水合物形成，延缓水合物形成作用最明显。经分析第二类 ILs 体系，发现同浓度的[P_{2444}][PF_6]和[P_{6444}][PF_6]体系的诱导时间相近且普遍低于纯水体系，说明第二类 ILs 对水合物形成有轻微的促进效果。导致这种现象的原因可能是第二类 ILs 中的长烷基侧链大大阻碍了 ILs-H_2O 间的氢键作用，使 H_2O 分子间更易形成氢键成笼，因此表现出促进效果。

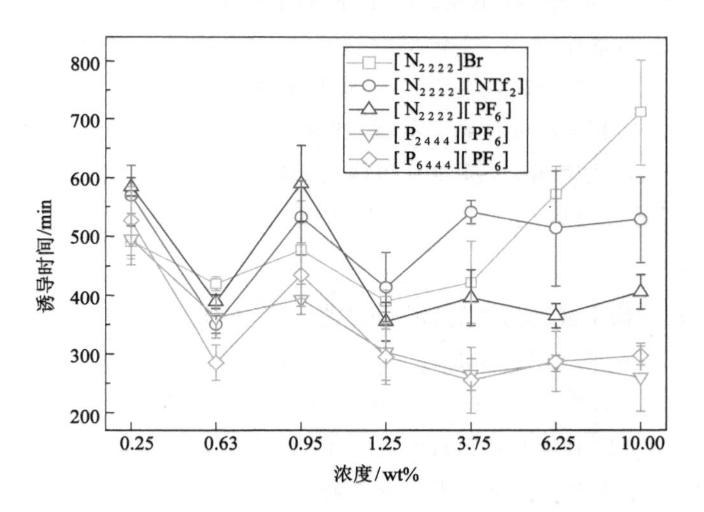

图 3-7 含[N_{2222}]Br、[N_{2222}][NTf_2]、[N_{2222}][PF_6]、[P_{2444}][PF_6]、[P_{6444}][PF_6]体系中 CO_2 水合物形成的诱导时间(2 MPa)

图 3-8 所示为 2 MPa 下，不同浓度第三类 ILs 的诱导时间分布图。图 3-8(a)表明 0.25wt%、1wt%、2wt%、3wt%、5wt%[N_{4444}]Br 水溶液生成 CO_2 水合物的诱导时间分别为 363 min、346 min、297 min、226 min、50 min，随 ILs 浓度增加诱导时间呈递减趋势，这说明添加[N_{4444}]Br 将缩短 CO_2 水合物的成核诱导时间，促进 CO_2 水合物成核，且浓度越大促进效果越明显。然而与纯水体系相比，除 0.25wt%、1wt%[N_{4444}]Br 体系的诱导时间延长外，其余浓度体系下的诱导时间分别减少了 27 min、98 min、274 min，这说明 ILs 浓度对

CO_2 水合物的影响并非线性的，只有在合适的浓度范围内才有利于缩短诱导时间，促进水合物生成。

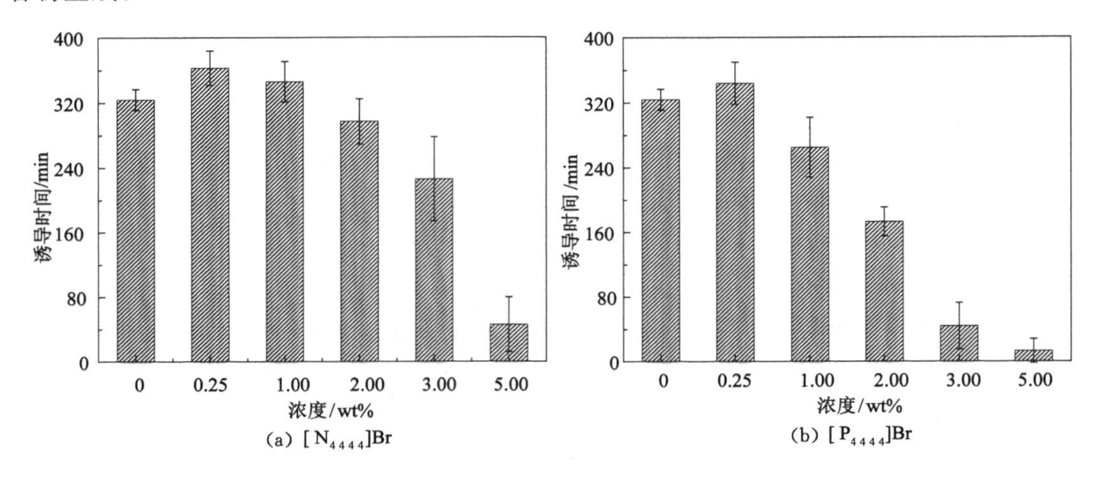

图 3-8 含[N_{4444}]Br 和[P_{4444}]Br 体系 CO_2 水合物形成的诱导时间(2 MPa)

图 3-8(b)显示，[P_{4444}]Br 浓度分别为 0.25wt%、1wt%、2wt%、3wt%、5wt%时，CO_2 水合物形成的诱导时间分别为 344 min、265 min、173 min、44 min、13 min，即随浓度增加诱导时间呈降低趋势，表明添加[P_{4444}]Br 将缩短 CO_2 水合物的成核诱导时间，促进 CO_2 水合物的成核，这与[N_{4444}]Br 的表现一致。与纯水体系相比，除 0.25wt%[P_{4444}]Br 体系的诱导时间延长 20 min 外，其余浓度体系下的诱导时间分别减少了 59 min、151 min、280 min、311 min，即随[P_{4444}]Br 浓度增大，诱导时间将大幅减小。在 ILs 浓度较低时，该体系下的诱导时间也表现出了延长趋势，这与[N_{4444}]Br 的结果相对应。

3.3.2 气体消耗量

气体消耗量是水合物生成动力学的另一个重要参数，本章通过储气罐中 CO_2 气体的压力变化计算出水合反应的实时气体消耗量，分析并讨论 2MPa 下，0.25wt%、0.63wt%、0.95wt%、1.25wt%、3.75wt%、6.25wt%、10wt%[N_{2222}]Br/[N_{2222}][NTf_2]/[N_{2222}][PF_6]/[P_{2444}][PF_6]/[P_{6444}][PF_6]以及 0.25wt%、1wt%、2wt%、3wt%、5wt%[N_{4444}]Br/[P_{4444}]Br 体系的 CO_2 水合物气体消耗动力学参数变化规律。

如图 3-9 所示(扫描图中二维码获取彩图，下同)，所有实验体系的气体消耗量变化趋势基本相同，在气体溶解阶段由于 CO_2 溶解实验开始后 20 min 内耗气量近乎垂直上升，该阶段不同体系的耗气量曲线基本重合，当溶液达到饱和时 CO_2 吸收量大约都达到 0.08 mol。在快速生长阶段 CO_2 水合物大量生成，不同体系的相互作用差异导致耗气量曲线表现出明显的不同。

图 3-9(a)显示 0.25wt%、0.63wt%、0.95wt%、1.25wt%、3.75wt%、6.25wt%、10.00wt%[N_{2222}]Br 水溶液生成 CO_2 水合物的气体消耗量分别为 0.134 mol、0.169 mol、0.135 mol、0.159 mol、0.156 mol、0.146 mol、0.132 mol，与纯水系统相比(0.115 mol)，CO_2 消耗量分别增加了 16.52%、46.96%、17.39%、38.26%、35.65%、26.96%、14.78%。

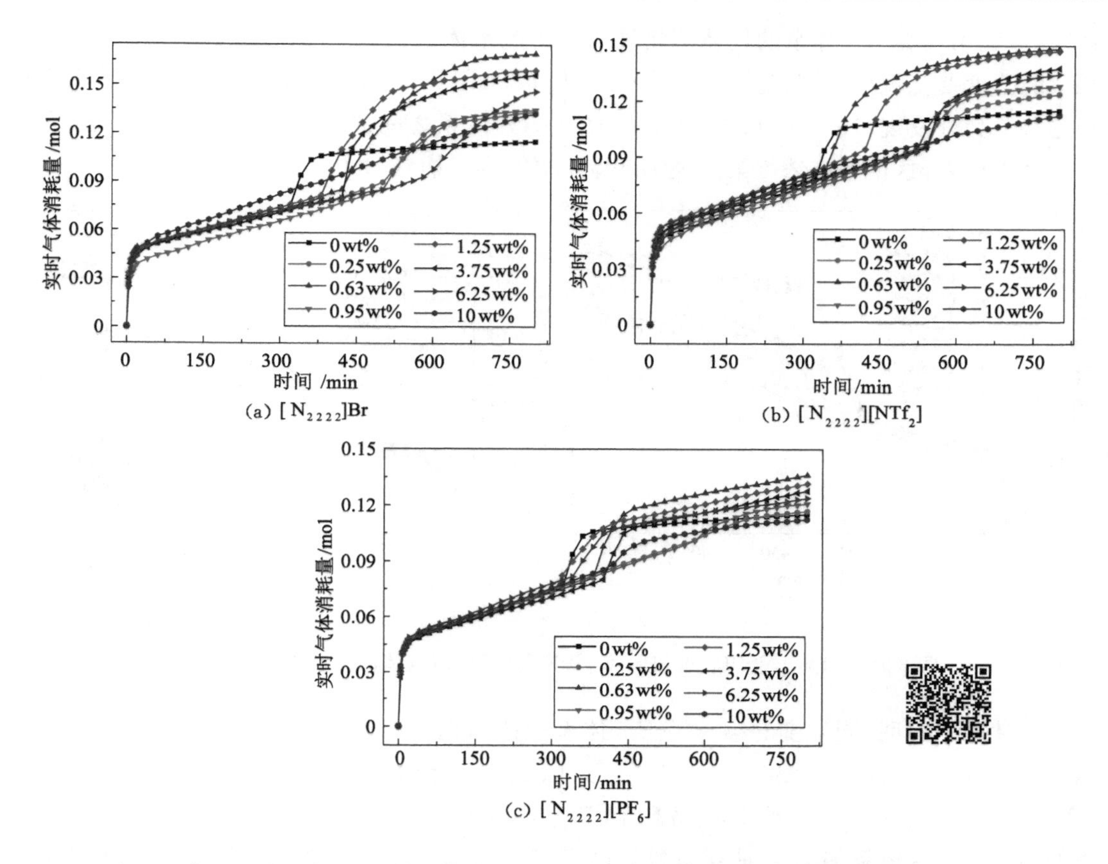

图 3-9 $[N_{2222}]Br$、$[N_{2222}][NTf_2]$和$[N_{2222}][PF_6]$体系实时气体消耗量曲线(2 MPa)

可见添加$[N_{2222}]Br$体系的 CO_2 消耗量均大于纯水体系，这说明$[N_{2222}]Br$能提高水合物的 CO_2 吸收量。

图 3-9(b)和图 3-9(c)中$[N_{2222}][NTf_2]$和$[N_{2222}][PF_6]$的气体消耗量随浓度变化规律与$[N_{2222}]Br$相似。虽然不同浓度下的第一类 ILs 吸收体系的 CO_2 气体消耗量各不相同，但各 ILs 体系的气体消耗量随浓度排序都遵从 0.63wt%＞1.25wt%＞3.75wt%＞6.25wt%＞0.95wt%＞0.25wt%＞10wt%＞纯水体系。由此可见，除 0.25wt% 和 0.95wt%体系外，气体消耗量随 ILs 浓度增加而减小，这与诱导时间与浓度关系相反。这是因为季铵 ILs 浓度越大导致 CO_2 水合物形成的诱导时间缩短，部分水合物笼还不能充分吸收 CO_2 导致空笼较多，最终导致总的耗气量减小。

结合图 3-10(a)可知，浓度为 0.25wt%、0.63wt%、0.95wt%、1.25wt%、3.75wt%、6.25wt%、10.00wt%$[P_{2444}][PF_6]$体系的气体消耗量分别为 0.164 mol、0.172 mol、0.158 mol、0.167 mol、0.199 mol、0.216 mol、0.208 mol。与纯水体系相比，CO_2 消耗量分别增加了 42.61%、49.57%、37.39%、45.22%、73.04%、87.83%、80.87%。$[P_{6444}][PF_6]$体系的气体消耗量随浓度变化规律与$[P_{2444}][PF_6]$一致。第二类 ILs 体系的气体消耗量遵循以下顺序：6.25wt%＞10wt%＞3.75wt%＞0.63wt%＞1.25wt%＞0.25wt%＞0.95wt%＞纯水

体系,可见第二类 ILs 体系的气体消耗量均大于纯水体系。然而与第一类 ILs 体系气体消耗量随浓度变化规律不同,随[P_{2444}][PF_6]和[P_{6444}][PF_6]浓度升高 CO_2 气体消耗量呈增加趋势。另外发现,10wt%、6.25wt%和 3.75wt%体系之间的气体消耗量非常接近,且远高于其他体系,这说明高浓度第二类 ILs 体系更有利于捕获 CO_2。

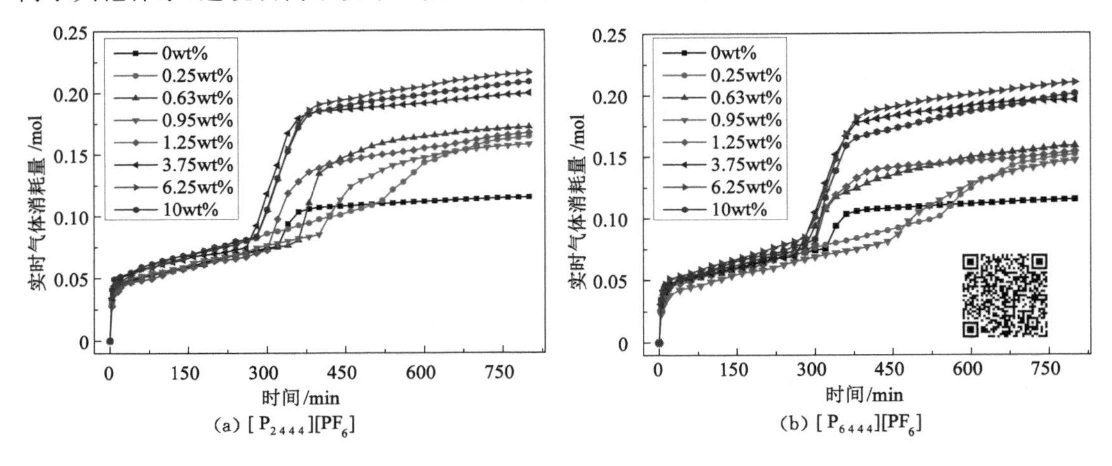

图 3-10 [P_{2444}][PF_6]和[P_{6444}][PF_6]体系实时气体消耗量曲线(2 MPa)

上述结果表明,同浓度的第一类 ILs 体系气体消耗量相差不大,且阴离子对 CO_2 气体消耗量影响排序都遵从 Br^- >[NTf_2]$^-$ >[PF_6]$^-$。而对于第二类 ILs 体系,同浓度下[P_{2444}][PF_6]体系的 CO_2 吸收量略高于[P_{6444}][PF_6]。当浓度大于 1.25wt%时,同浓度下的第二类 ILs 体系的 CO_2 捕获量要远高于第一类 ILs 体系。这可能是因为季膦阳离子中较长的烷基侧链导致 CO_2 吸收量较高。另外,有研究认为长的烷基取代链有助于形成半笼形水合物。因此,[P_{2444}][PF_6]、[P_{6444}][PF_6]的优势可能来源于其形成的少量半笼形水合物,从而增加了 CO_2 耗气量。

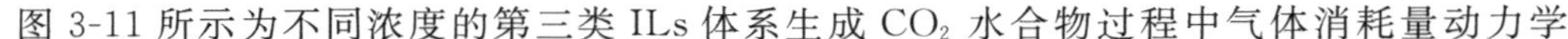

图 3-11 所示为不同浓度的第三类 ILs 体系生成 CO_2 水合物过程中气体消耗量动力学

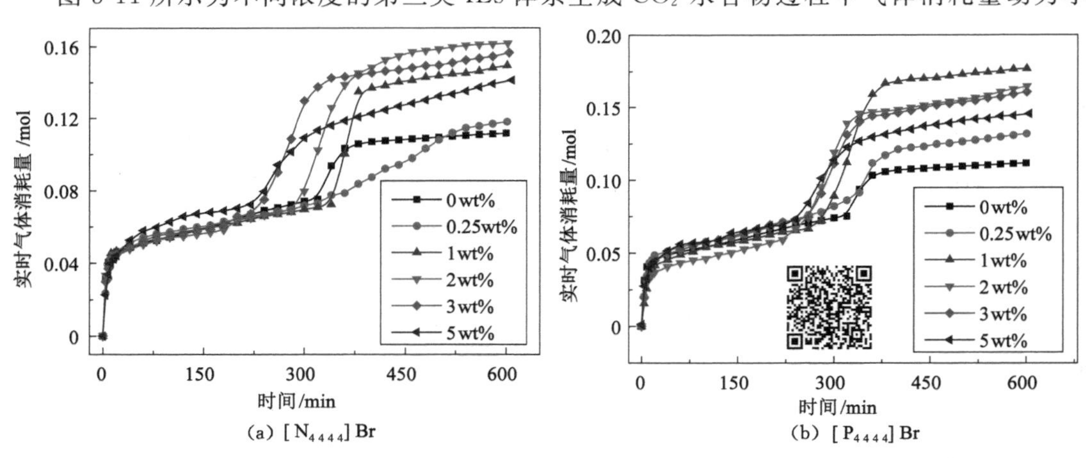

图 3-11 [N_{4444}]Br 和[P_{4444}]Br 体系实时气体消耗量曲线(2 MPa)

曲线。由图 3-11(a)可知，[N_{4444}]Br 浓度为 0.25wt%、1wt%、2wt%、3wt%、5wt%时的气体消耗量分别为 0.118 mol、0.150 mol、0.163 mol、0.165 mol、0.151 mol。观察表明，除0.25wt%[N_{4444}]Br 体系下的气体消耗量较低外，其余浓度下的 CO_2 气体消耗量在 0.150 mol 左右波动，整体来说各体系差异不大。由图 3-11(b)可知，0.25wt%、1wt%、2wt%、3wt%、5wt%[P_{4444}]Br 的气体消耗量分别为 0.129 mol、0.177 mol、0.165 mol、0.161 mol、0.146 mol，这与[N_{4444}]Br 的差别不大，说明在相同 ILs 浓度时，第三类 ILs 体系的气体吸收能力相差不大。

3.3.3　气体消耗速率

气体消耗速率常用于表征气体水合物的生成速率。由于实验开始后 20 min 内的气体消耗量主要由溶液的溶解度决定，因此该阶段各实验体系的气体消耗速率相差不大且远大于水合物生长阶段的气体消耗速率，主要分布在 0.005～0.1 mol/min 内。为了能够更清楚地查明水合物在生长过程中的实时气体消耗速率变化情况，选取各实验体系 200 min 以后的气体消耗速率数据并绘制成图以分析 ILs 对气体消耗速率的影响规律。

图 3-12 所示为 2 MPa 下，浓度分别为 0.25wt%、0.63wt%、0.95wt%、1.25wt%、3.75wt%、6.25wt%和 10.00wt%的[N_{2222}]Br/[N_{2222}][NTf_2]/[N_{2222}][PF_6]体系在 200～800 min 内的实时气体消耗速率动力学曲线。如图所示，所有实验体系的气体消耗速率曲线变化趋势一致，在生长阶段都会出现一个强峰，而后随水合反应减弱，气体消耗速率逐

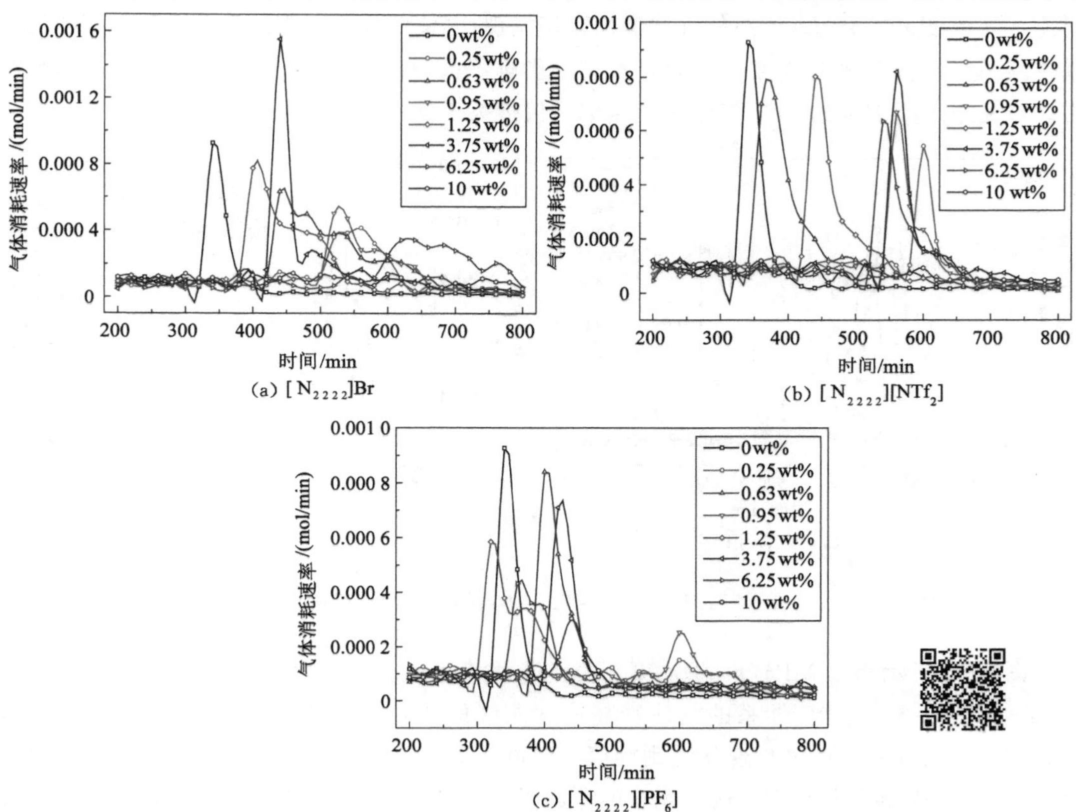

图 3-12　[N_{2222}]Br、[N_{2222}][NTf_2]和[N_{2222}][PF_6]体系实时气体消耗速率曲线(2 MPa)

渐降低直至趋于零。在图 3-12(a)中纯水体系的 CO_2 消耗速率峰值为 0.000 92 mol/min，而 0.25wt%、0.63wt%、0.95wt%、1.25wt%、3.75wt%、6.25wt%和 10.00wt%[N_{2222}]Br 的峰值分别为 0.000 41 mol/min、0.000 63 mol/min、0.000 50 mol/min、0.000 78 mol/min、0.001 6 mol/min、0.000 34 mol/min、0.000 14 mol/min，可见除 3.75wt%体系外，其余添加[N_{2222}]Br 体系的 CO_2 消耗速率峰值均小于纯水体系，这说明[N_{2222}]Br 能降低 CO_2 水合物的气体消耗速率，不利于生成 CO_2 水合物。在图 3-12(b)和图 3-12(c)中，所有含 ILs 体系的气体消耗速率均低于纯水体系，这说明[N_{2222}][NTf_2]和[N_{2222}][PF_6]也对 CO_2 水合物生长起抑制作用。对比不同浓度 ILs 体系的气体消耗速率发现，气体消耗量较高的体系通常气体消耗速率较高，但总体来看浓度对 CO_2 气体消耗速率影响不大，峰值都分布在 0.000 5 mol/min 左右。

由图 3-13(a)可知，浓度为 0.25wt%、0.63wt%、0.95wt%、1.25wt%、3.75wt%、6.25wt%、10.00wt%[P_{2444}][PF_6]体系的气体消耗速率峰值分别为 0.000 43 mol/min、0.001 6 mol/min、0.000 79 mol/min、0.001 3 mol/min、0.001 4 mol/min、0.001 3 mol/min、0.001 4 mol/min。与纯水体系相比，发现除 0.25wt/%和 0.95wt%外，其余浓度的[P_{2444}][PF_6]均能大幅提高 CO_2 水合物的气体消耗速率。[P_{6444}][PF_6]体系的气体消耗速率随浓度变化规律与[P_{2444}][PF_6]一致，这说明第二类 ILs 均对 CO_2 水合物生长起促进作用。对比不同浓度第二类 ILs 体系的气体消耗速率发现，气体消耗量较高的体系通常气体消耗速率较高，但总体来看浓度对 CO_2 气体消耗速率影响不大，峰值都分布在 0.001 3 mol/min 左右。可见第二类 ILs 的 CO_2 气体消耗速率峰值远大于第一类 ILs。

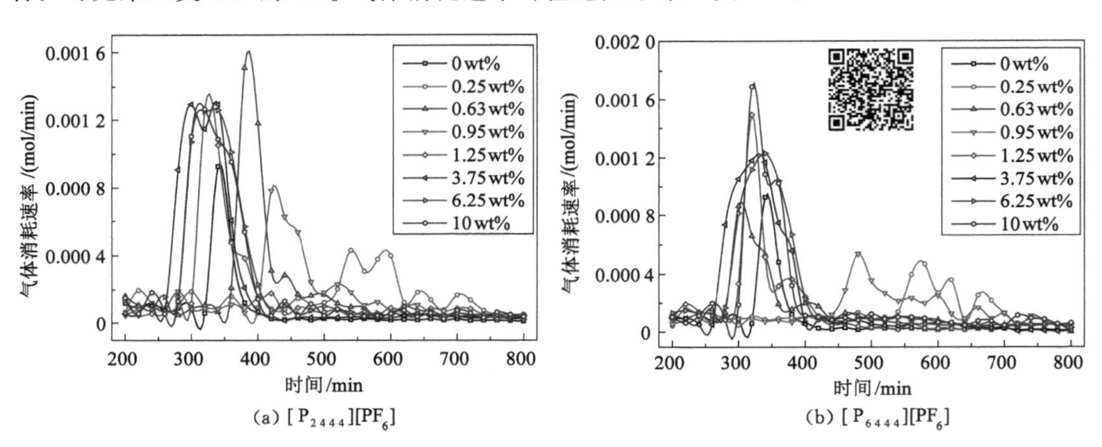

图 3-13 [P_{2444}][PF_6]和[P_{6444}][PF_6]体系实时气体消耗速率曲线(2 MPa)

图 3-14 所示为 2 MPa 下，添加第三类 ILs 体系的气体消耗速率变化曲线。不同浓度[N_{4444}]Br 和[P_{4444}]Br 体系的气体消耗速率曲线的变化趋势略不相同。值得注意的是，随着 ILs 浓度升高气体消耗速率达到峰值的时间逐渐缩短，且峰值随着浓度的升高而逐渐降低，峰宽度逐渐变大。产生这种现象的原因可能是随着 ILs 浓度的升高，体系的相平衡温度逐渐升高，浓度越大体系进入生长阶段越早，因此气体消耗速率达到峰值的时间逐渐缩短。然而由于 ILs 浓度越大，相平衡温度越高，过冷度越小，进入生长阶段后形成 CO_2 水合

物的驱动力越小，水合物的生成速率越低，气体消耗速率峰值就越小，反应完全所持续的生长时间越长，因此峰的宽度随浓度的升高而变大。

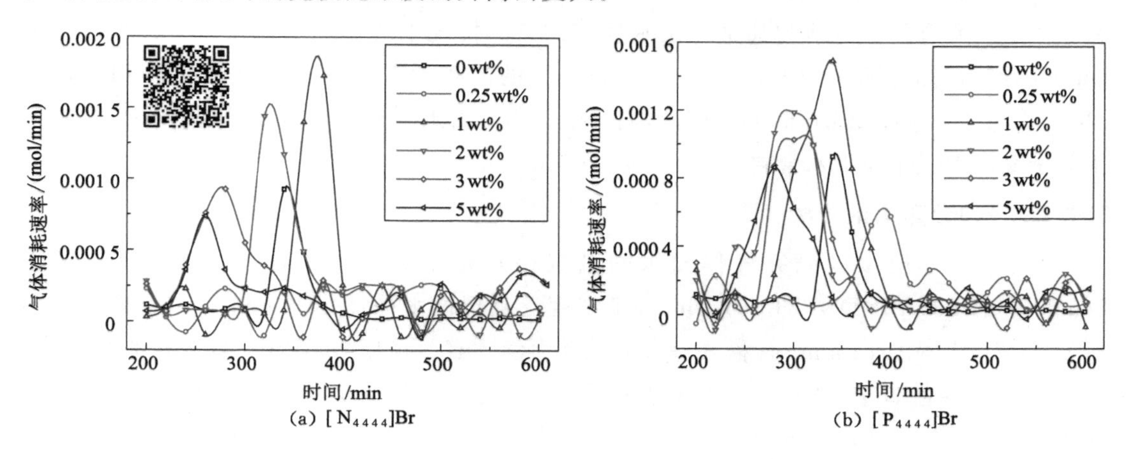

图 3-14 $[N_{4444}]$Br 和 $[P_{4444}]$Br 体系实时气体消耗速率曲线(2 MPa)

3.4 相似结构季胺类 ILs 对 CO_2 水合物形成的影响机理

由以上实验结果可以发现，$[P_{2444}][PF_6]$ 和 $[P_{6444}][PF_6]$ 相比同类铵盐，普遍更有利于 CO_2 水合物的生成，在动力学上增加 CO_2 的消耗，加快水合物的生长速度。这可能是磷离子和铵离子具有不同的电荷分布特性所致。据报道，四烷基膦基离子液体的阳离子 P 原子相比四烷基铵基离子液体的阳离子 N 原子带更多的正电荷，并且与相应的磷同族物相比，四烷基铵基离子液体阳离子中发生了明显的电荷离域。这种电荷离域使铵基离子液体的极性增强，从而使铵基离子液体与水的氢键结合能力增强。综上所述，从理论上可以认为季磷离子液体是较好的促进剂，而铵离子具有较好的抑制作用[177]。

另一个值得注意的问题是，$[N_{2222}]$Br 实际上对 CO_2 水合物的形成有抑制作用，这与 $[N_{4444}]$Br 的表现有明显不同。有报道称，$[N_{4444}]$Br 在 0.1 MPa 和 12 ℃条件下可以形成半笼形水合物[178-179]。在适宜的温度和压力下，小的气体分子可以被困在十二面体腔(5^{12})中[180-181]。$[N_{4444}]$Br 可以改变 CO_2 水合物在一定温度下的相平衡，使压力降低，这表明 $[N_{4444}]$Br 是 CO_2 水合物的热力学促进剂[112,178,182-183]。

为了研究 $[N_{2222}]$Br 和 $[N_{4444}]$Br 对 CO_2 水合物形成的影响差异，用 Dmol3 计算了 $[N_{2222}]$Br 和 $[N_{4444}]$Br 的阴离子和阳离子相互作用力。此外，通过 Lammps 分子动力学模拟量化了不同体系中分子间的相互作用力强度，并分析了两体系中分子间的径向分布函数，从微观尺度上解释了 $[N_{2222}]$Br 和 $[N_{4444}]$Br 对 CO_2 水合物形成的影响差异。

3.4.1 阴阳离子相互作用

从文献报道的气体在 RTILs 中的吸附机理来看，对称特性、烷基链长度、ILs 的极性以及气体的大小和四极矩对吸附和选择性都有贡献[184-187]。为了深入了解上述实验结果的分子原因，基于密度泛函理论（DFT）进行了量子化学计算。所有这些计算都是使用 Materials Studio 的 Dmol3 模块进行的，使用 Grimme-corrected BLYP 来描述阳离子和阴离子之间的相互作用。所有的几何结构都是在没有任何约束的情况下通过完全优化进行计算的。由 Dmol3 计算可知，$[N_{2222}]Br$（－367.57 kJ/mol）的阳离子-阴离子分子内相互作用力强于 $[N_{4444}]Br$（－341.32 kJ/mol）。因此，与 $[N_{4444}]Br$ 相比，$[N_{2222}]Br$ 的阴离子 Br^- 很难与水分子交联形成半笼形水合物。

3.4.2 径向分布函数分析

分子动力学模拟为研究气体与水的微观相互作用提供了一种很好的方法。采用 Dmol3 中的 B3LYP/DNP(3.5)基组，基于密度泛函理论水平优化 ILs 和 CO_2 结构。利用 MAPS 平台[188]中的 Lammps 模块进行分子动力学仿真。采用 MAPS 平台构建非晶结构，初始结构尺寸为 47 Å×47 Å×47 Å，密度设为 1 g/cm^3。分子动力学模拟过程中使用的时间步长设为 1 fs，采用 Nose-Hoover 恒温器控制温度和压力[189]。静电相互作用的计算采用 Ewald-summation method 方法，截止半径为 1.2 nm。考虑了范德华力相互作用的长程色散，并引入 Dreiding_umbrella 力场。对该系统进行了能量最小化和退火处理，以获得可靠的初始构型，在 NVT 系综下温度由 278.18 K 升至 498 K，然后再由 498 K 降至 273 K。退火后，提取总能量最低的构型，最后在 NPT 系综下进行时长 2 ns 的 263 K 和 20 MPa 的分子动力学模拟。

径向分布函数（RDF）[190]是一个条件概率密度函数，用于从给定的原子找到距离为 r 的原子。RDF 通常用于表示原子级别的结构。本章利用 RDF 描述了 $[N_{2222}]Br+H_2O+CO_2$ 和 $[N_{4444}]Br+H_2O+CO_2$ 体系中阴离子-水、阴离子-CO_2 和水-水相互作用距离的有序分布。径向分布函数的峰值高而尖，说明原子之间有很强的秩序性和紧密的联系，也说明分子之间具有较强的相互作用力。

由 $[N_{2222}]Br+H_2O+CO_2$ 和 $[N_{4444}]Br+H_2O+CO_2$ 的 RDF 图（图 3-15）可以看出，$[N_{4444}]Br+H_2O+CO_2$ 体系中 $g_{H_2O\text{-}Br}(r)$ 的峰值显著高于 $[N_{2222}]Br+H_2O+CO_2$ 体系。这表明在 $[N_{4444}]Br+H_2O+CO_2$ 体系中，Br^- 与水的相互作用强度较高。这是由于 Br^- 参与了半笼形水合物的形成。此外，$[N_{4444}]Br+H_2O+CO_2$ 体系中 $g_{H_2O\text{-}Br}(r)$ 的第一个峰位于 2.85 Å，且强度较高，这可能是由于水分子与 Br^- 之间形成氢键，形成半笼状水合物，水分子与 Br^- 一起构建笼体的多面体主体骨架[181,191-192]。而 $[N_{2222}]Br+H_2O+CO_2$ 体系 $g_{H_2O\text{-}Br}(r)$ 的第一个峰位于 3.05 Å，且强度较弱，这说明 H_2O 与 Br^- 的相互作用力相对较弱，Br^- 参与 $[N_{2222}]Br+H_2O+CO_2$ 体系中笼结构的可能性较小。

此外，可以清楚地看到，$[N_{2222}]Br+H_2O+CO_2$ 体系 CO_2-Br^- 的首峰出现比 $[N_{4444}]Br+H_2O+CO_2$ 体系早，$[N_{2222}]Br+H_2O+CO_2$ 体系 CO_2-Br^- 峰数量比 $[N_{4444}]Br+H_2O+CO_2$ 体系更多。这表明在 $[N_{2222}]Br+H_2O+CO_2$ 体系中，CO_2 与 Br^- 的相互作用位点较多，意味着 Br^- 相对分散。然而，$[N_{4444}]Br+H_2O+CO_2$ 体系由于 Br^- 参与水合物成笼，CO_2-Br^- 峰较少，CO_2-Br^- 相互作用的位点有限。这也证实了 $[N_{2222}]Br$ 中的 Br^- 不太可能参与笼子的构建。CO_2-Br^- 的第一个峰距离较远，这可能是由于在 $[N_{4444}]Br$ 参与的半笼形水合物

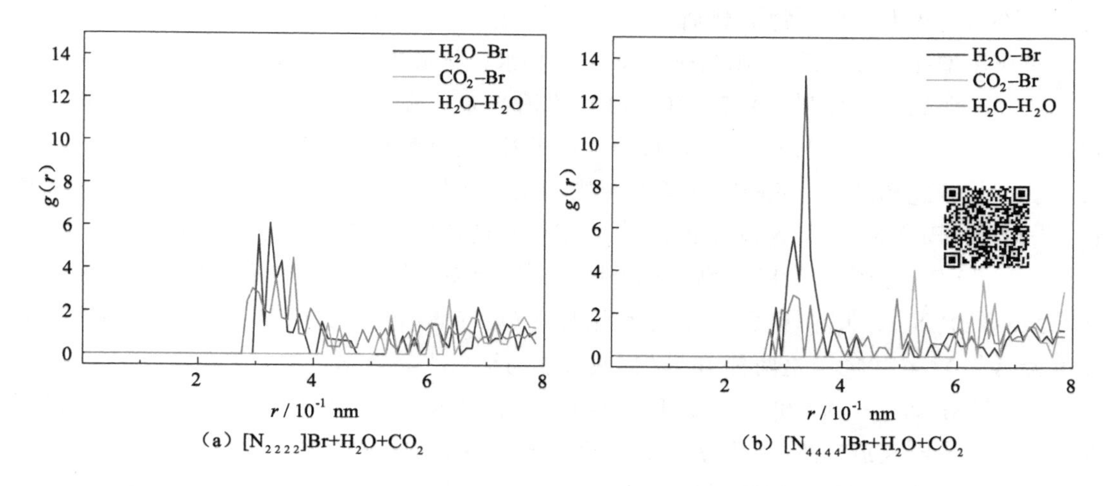

图 3-15　在 263 K 下，压力为 20 MPa 时，两个体系中 H_2O-Br、CO_2-Br 以及 H_2O-H_2O 的径向分布函数

中，$[N_{4444}]^+$ 作为客体分子与 CO_2 产生竞争，使得 CO_2 与 Br^- 之间相互作用力减弱[181,191-192]。

此外，$[N_{4444}]Br+H_2O+CO_2$ 体系中 $g_{H_2O\text{-}H_2O}(r)$ 的第一个峰位于 2.75 Å，对应于形成氢键网络的水分子中 O 原子之间的距离[193]。距离越短，氢键越强，峰值越高，水分子之间形成氢键的概率越大。水分子之间的强相互作用力有利于调节水分子之间的距离和角度，形成笼形结构所需的氢键[194]；然后通过氢键网络结构吸引 CO_2 分子。$[N_{2222}]Br+H_2O+CO_2$ 体系中 $g_{H_2O\text{-}H_2O}(r)$ 的第一个峰位于 2.95 Å，表明氢键强度较弱。此外，$[N_{2222}]Br+H_2O+CO_2$ 中 H_2O-H_2O 氢键形成的可能性较高，这意味着 Br^- 参与形成半笼形水合物的可能性较低。

根据上文所述 2 MPa 下，添加 0.25wt%、0.63wt%、0.95wt%、1.25wt%、3.75wt%、6.25wt%、10.00wt% $[N_{2222}]Br$、$[N_{2222}][NTf_2]$、$[N_{2222}][PF_6]$、$[P_{2444}][PF_6]$ 和 $[P_{6444}][PF_6]$ 以及 0.25wt%、1wt%、2wt%、3wt%、5wt% $[N_{4444}]Br$、$[P_{4444}]Br$ 对 CO_2 水合物的相平衡温度、诱导时间、耗气量和耗气速率的影响，得到如下结论：

(1) 第一类 ILs 为热力学抑制剂，而第二类和第三类 ILs 为热力学促进剂。与纯水体系相比，添加 $[N_{2222}]Br$、$[N_{2222}][NTf_2]$ 和 $[N_{2222}][PF_6]$ 使 CO_2 水合物的相平衡温度向较低温偏移，表现出热力学抑制，且延长了水合物成核诱导时间。添加 $[P_{2444}][PF_6]$、$[P_{6444}][PF_6]$、$[N_{4444}]Br$ 和 $[P_{4444}]Br$ 使得 CO_2 水合物相平衡温度向高温偏移，表现出加速 CO_2 水合物成核的热力学促进作用，且缩短了诱导时间。整体来看，阳离子烷烃取代链较长的 ILs 更有利于 CO_2 水合物成核和生长。

(2) ILs 浓度和种类对 CO_2 水合物的热力学效果影响显著。ILs 浓度高于 1wt%时，随 $[N_{2222}]Br$ 浓度增加对水合物热力学抑制作用增强；但 $[N_{2222}][NTf_2]$ 和 $[N_{2222}][PF_6]$ 体系不受浓度影响；而添加更多的 $[P_{2444}][PF_6]$ 和 $[P_{6444}][PF_6]$ 并不会更有利于 CO_2 水合物形成。阴离子对 CO_2 水合物的抑制作用排序为 $Br^- > [NTf_2]^- > [PF_6]^-$，表明 $[N_{2222}]Br$

是最具潜力的热力学水合物抑制剂。相比之下，随[N_{4444}]Br 和[P_{4444}]Br 浓度增大热力学促进作用增强。这也说明，阳离子链长对 CO_2 水合物形成的影响强于阴离子。

(3) 7 种 ILs 均有利于提高 CO_2 的气体消耗量。在[N_{2222}]Br、[N_{2222}][NTf_2]和[N_{2222}][PF_6]中，除 0.25wt%和 0.95wt%体系外，气体消耗量随着 ILs 浓度增加而减少，而[P_{2444}][PF_6]和[P_{6444}][PF_6]体系结果则相反。此外，耗气量高的系统耗气速率通常较高。[N_{2222}]Br、[N_{2222}][NTf_2]和[N_{2222}][PF_6]能够降低耗气速率并延缓水合物的生长，而[P_{2444}][PF_6]、[P_{6444}][PF_6]则可显著提高耗气速率并促进 CO_2 水合物生长。另有实验结果显示，随[N_{4444}]Br、[P_{4444}]Br 浓度增加，CO_2 气体消耗量无明显差异，但气体消耗速率有降低趋势，这可能与这两种 ILs 的阴离子参与形成半笼形水合物有关。

(4) 针对[N_{2222}]Br 和[N_{4444}]Br 对 CO_2 水合物影响的差异性，本章利用密度泛函理论和分子动力学模拟方法，计算分析了两种离子液体对水合物生成过程的微观影响，阐释了[N_{2222}]Br 抑制 CO_2 水合物形成而[N_{4444}]Br 却起促进效果的内在原因，认为 H_2O-Br、H_2O-H_2O 间作用力差异是这两种 ILs 对 CO_2 水合物产生不同影响的主要原因。

4 固态杂环 ILs-水体系中 CO_2 水合物生成热动力学特性

第 3 章测定分析了在不同季膦类、季胺类离子液体存在时的 CO_2 水合物热动力学特性。本章将针对常温固态的阳离子为杂环的离子液体([OPy][PF_6]、[BPy][PF_6]、[PP_{14}][PF_6]、[PY_{14}][PF_6]、[C_{16}Mim][PF_6]、[C_{12}Mim][PF_6]、[EMim][PF_6]、[AMim][PF_6])存在体系中 CO_2 水合物生成的热动力学参数进行测试和分析,解释离子液体结构对 CO_2 水合物形成的影响机理差异。

4.1 固态杂环 ILs-水复配体系在低温水合过程中的 CO_2 气体吸收量

气体水合物形成之前,不同体系内的气体消耗量急速增加,这是因为 CO_2 气体快速溶解在水里,导致气体被大量消耗。当气体溶解速率减慢,变得趋于平稳时,开始进入生成水合物的诱导期,而当气体消耗速率再次发生变化时,判断是水合物快速成核所致,此时水合物快速生成并消耗大量 CO_2 气体。

为了探究[OPy][PF_6]、[BPy][PF_6]、[PP_{14}][PF_6]、[PY_{14}][PF_6]、[C_{16}Mim][PF_6]、[C_{12}Mim][PF_6]、[EMim][PF_6]、[AMim][PF_6]对 CO_2 气体水合物生成的热力学相平衡方面的影响,在恒定压力为 2 MPa 条件下,将不同浓度的固态 ILs 作为添加剂加入实验体系中,进行 CO_2 水合物的热力学相平衡实验研究。

为明确前期气体吸收量与后续水合物形成之间的关系,本章根据气体水合物实验数据,计算了复配体系中和纯水体系中 CO_2 在低温条件下的溶解度。

4.1.1 气体水合物实验 CO_2 吸收量计算

前期气体溶解阶段的气体吸收量,是初始气体量与水合物开始生成时的剩余气体量的差值。气体吸收量用 Δn 来表示,计算表达式如下:

$$\Delta n = n_{s,0} - n_{s,t} = \frac{P_0 V}{Z_0 R T_0} - \frac{P_s V}{Z_s R T_s} \tag{4-1}$$

式中 $n_{s,0}$——水合物反应前初始的气体的物质的量,mol;

$n_{s,t}$——水合物开始生成时的气体的物质的量,mol;

P_0,P_s——初始压力和水合物开始生成时的压力,kPa;

T_0,T_s——初始温度和水合物开始生成时的温度,K;

V——水合物反应釜体积，cm^3；

R——摩尔气体常数，取 $R=8.314$ J/(mol·K)；

Z_0,Z_s——初始时刻和水合物生成时的气体压缩因子。

具体计算过程参考文献中的方法[195]。

4.1.2 咪唑类 ILs-水复配体系在水合物实验中的 CO_2 吸收量

图 4-1 为[AMim][PF_6]、[EMim][PF_6]、[C_{12}Mim][PF_6]、[C_{16}Mim][PF_6]固态 ILs-水复配体系在水合物实验中的 CO_2 吸收量。图中红线为纯水体系的 CO_2 吸收量 24.50 mmol/mol。[AMim][PF_6]、[EMim][PF_6]、[C_{12}Mim][PF_6]、[C_{16}Mim][PF_6]固态 ILs-水复配体系中的 CO_2 吸收量和纯水体系中的 CO_2 吸收量相差较小。其中，CO_2 吸收量差最大的为 10wt%的[AMim][PF_6]-H_2O 体系，CO_2 吸收量约为 26.60 mmol/mol，高于纯水体系 CO_2 吸收量2.1 mmol/mol。而其余的咪唑类固态 ILs-水复配体系的 CO_2 吸收量与纯水体系相比几乎持平，甚至低于纯水体系。因此，在纯水中加入[AMim][PF_6]、[EMim][PF_6]、[C_{12}Mim][PF_6]、[C_{16}Mim][PF_6]并不会显著影响气体水合物形成前期溶解阶段的 CO_2 吸收量。

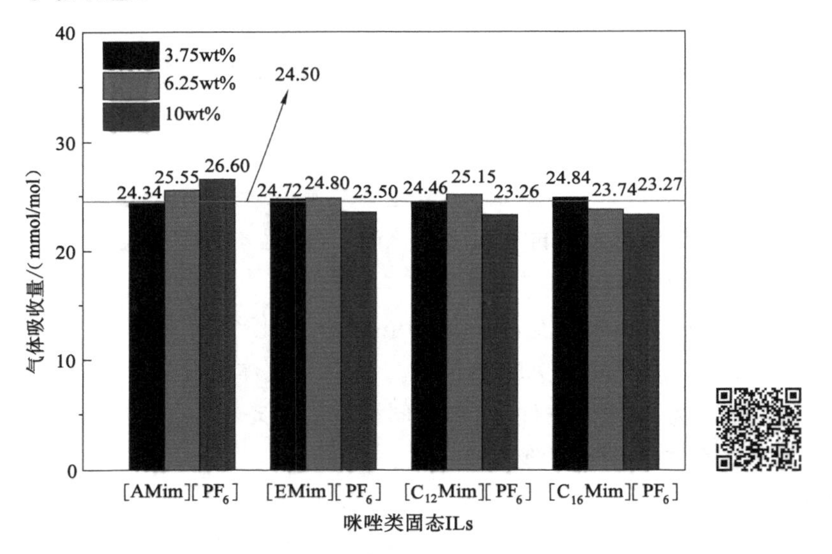

图 4-1 咪唑类固态 ILs-水复配体系在水合物实验中的 CO_2 吸收量

4.1.3 其他杂环 ILs-水复配体系在水合物实验中的 CO_2 吸收量

图 4-2 为[OPy][PF_6]、[BPy][PF_6]、[PP_{14}][PF_6]、[PY_{14}][PF_6]固态 ILs-水复配体系中的 CO_2 吸收量。结果显示，6.25wt%的[PP_{14}][PF_6]体系的 CO_2 吸收量最大。尽管如此，总的来看在纯水中加入[BPy][PF_6]、[OPy][PF_6]、[PP_{14}][PF_6]、[PY_{14}][PF_6]对溶解阶段 CO_2 消耗的影响也并不显著。

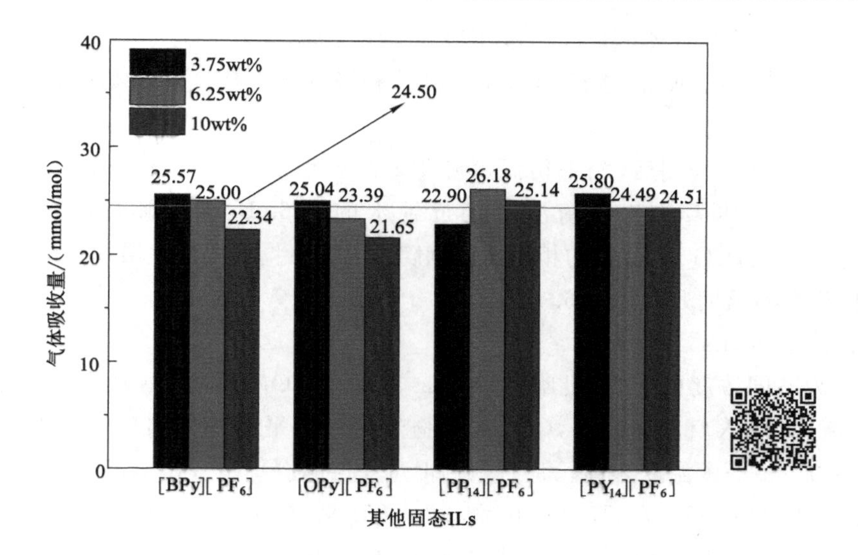

图 4-2 其他固态 ILs-水复配体系在水合物实验中的 CO_2 吸收量

4.2 CO_2 水合物热力学相平衡特性研究

(1) 咪唑类 ILs

图 4-3 为 2.0 MPa 恒定压力实验条件下不同浓度的咪唑类固态 ILs 体系内水合物热力学相平衡温度。与纯水体系相比(图中红线为纯水体系下生成 CO_2 水合物的相平衡温度),添加[C_{16}Mim][PF_6]、[C_{12}Mim][PF_6]、[EMim][PF_6]、[AMim][PF_6]后 CO_2 水合物形成的热力学相平衡条件向更低温度偏移。

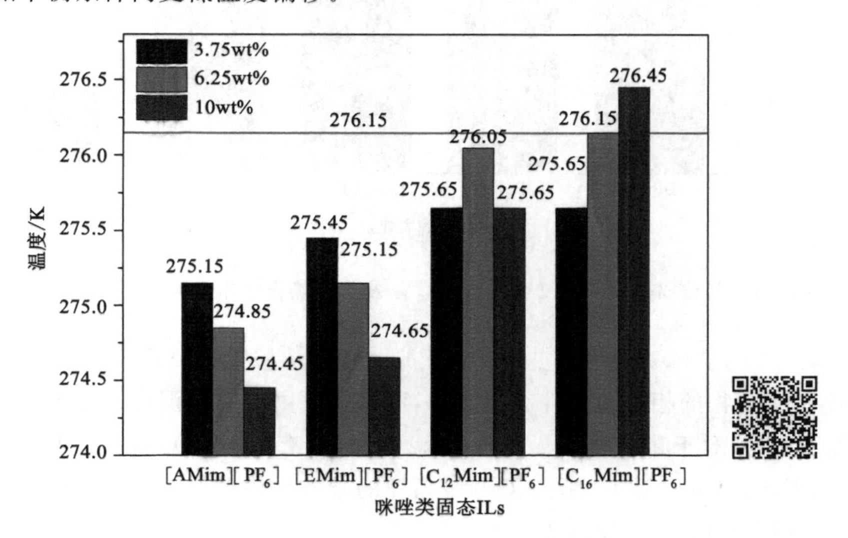

图 4-3 不同浓度的咪唑类固态 ILs-水复配体系内 CO_2 水合物热力学相平衡温度(2 MPa)

当加入 3.75wt%[AMim][PF_6]和[EMim][PF_6]后，生成 CO_2 水合物的相平衡温度降低至 275.15 和 275.45 K，且随着[AMim][PF_6]和[EMim][PF_6]浓度增加，反应体系的相平衡温度降低。

加入[C_{12}Mim][PF_6]后，相平衡温度随 ILs 浓度增加并未呈线性变化。当其浓度为 6.25wt%时，反应体系的相平衡温度接近纯水的 276.15 K。添加取代侧链更长的[C_{16}Mim][PF_6]后，CO_2 水合物的相平衡温度随[C_{16}Mim][PF_6]浓度增加逐渐升高；当浓度为 10%时，相平衡温度升高至 276.45 K。

(2) 其他杂环 ILs

图 4-4 为不同浓度的吡啶、吡咯、哌啶 ILs 存在下 CO_2 水合物热力学相平衡温度。当吡啶和哌啶 ILs 加入反应体系后，CO_2 水合物热力学相平衡条件向更高的温度偏移。且随着浓度增加，相平衡温度升高。10%的[BPy][PF_6]、[OPy][PF_6]、[PY_{14}][PF_6]体系的相平衡温度达 276.85 K、277.05 K 和 276.85 K。与[OPy][PF_6]、[BPy][PF_6]和[PP_{14}][PF_6]不同的是，[PY_{14}][PF_6]浓度增加，相平衡温度先升高后又降低至纯水体系水平。

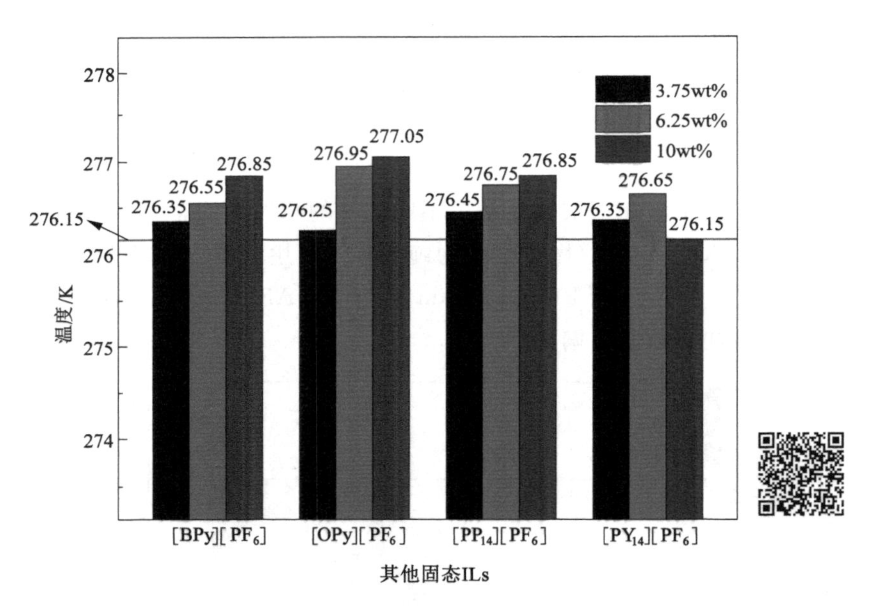

图 4-4 其他固态 ILs-水复配体系内 CO_2 水合物热力学相平衡温度(2 MPa)

总的来说，[BPy][PF_6]、[OPy][PF_6]、[PY_{14}][PF_6]、[PP_{14}][PF_6]的存在，使得反应体系中生成 CO_2 水合物的相平衡条件有所缓和，可以在更高的实验温度下生成 CO_2 水合物。从相平衡温度来看，对于咪唑类 ILs，增长阳离子烷烃链有助于 CO_2 水合物形成；而与吡啶、吡咯、哌啶相比，明显可以看出，阳离子为六元环的吡啶和哌啶，比五元环的咪唑和吡咯更能从热力学上促进 CO_2 水合物形成。

4.3 CO_2 水合物生成动力学特性研究

图 4-5 至图 4-9 所示为不同浓度杂环 ILs 存在下，CO_2 水合物形成诱导时间、气体消耗速率、气体消耗量等动力学特性变化规律。

4.3.1 诱导时间

(1) 咪唑类 ILs

图 4-5 是在 2.0 MPa 的恒压实验条件下，不同浓度的[AMim][PF_6]、[EMim][PF_6]、[C_{12}Mim][PF_6]和[C_{16}Mim][PF_6]添加剂体系下 CO_2 水合物形成诱导时间对比图。结果显示，在 2.0 MPa 恒压条件下，在纯水体系中生成 CO_2 水合物所需诱导时间约为 324 min。添加咪唑类 ILs 后，生成 CO_2 水合物所需的诱导时间发生改变。当加入[AMim][PF_6]和[EMim][PF_6]时，CO_2 水合物形成的诱导时间延长；特别是 10wt%的[AMim][PF_6]和[EMim][PF_6]体系，水合物形成所需要的诱导时间接近 380 min，延长了 17.3%。而当加入[C_{12}Mim][PF_6]和[C_{16}Mim][PF_6]后，CO_2 水合物形成所需的诱导时间较纯水体系缩短，尤其浓度较高的体系。例如，6.25wt%的[C_{12}Mim][PF_6]和[C_{16}Mim][PF_6]体系中，CO_2 水合物形成所需的诱导时间分别为 271 min 和 288 min，相比纯水体系缩短近 1 h。

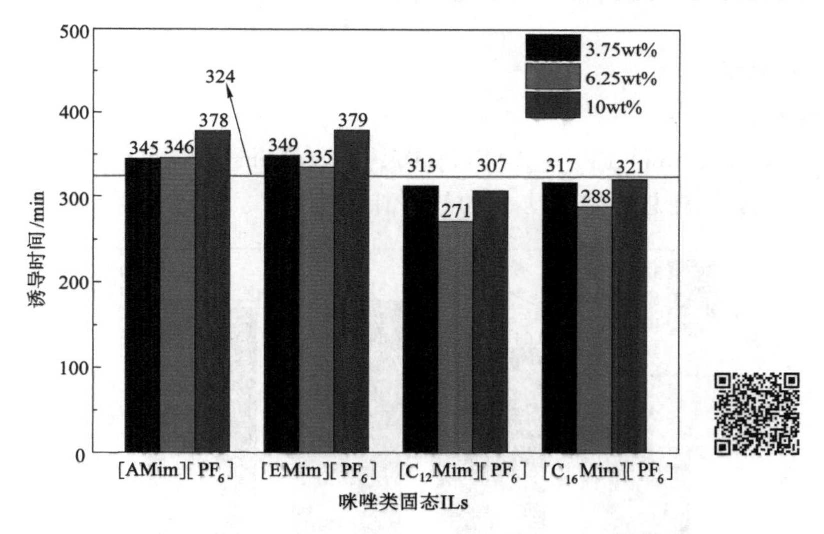

图 4-5 不同浓度的咪唑类固态 ILs-水复配体系内 CO_2 水合物诱导时间(2 MPa)

(2) 其他杂环 ILs

图 4-6 是在 2.0 MPa 恒压下，不同浓度[OPy][PF_6]、[BPy][PF_6]、[PP_{14}][PF_6]、[PY_{14}][PF_6]反应体系中 CO_2 水合物形成诱导时间比较图。结果显示，相比纯水体系，添加[OPy][PF_6]、[BPy][PF_6]、[PP_{14}][PF_6]、[PY_{14}][PF_6]后 CO_2 水合物形成所需诱导时间均缩短。其中，10wt%的[OPy][PF_6]促进效果最佳，诱导时间缩短至 228 min，较纯水体系缩短了 29.63%。总的来看，[OPy][PF_6]、[BPy][PF_6]、[PP_{14}][PF_6]、[PY_{14}][PF_6]均能缩短

水合物反应体系的诱导时间，增加这些 ILs 的浓度有助于缩短诱导时间，在一定程度上加快 CO_2 水合物成核。

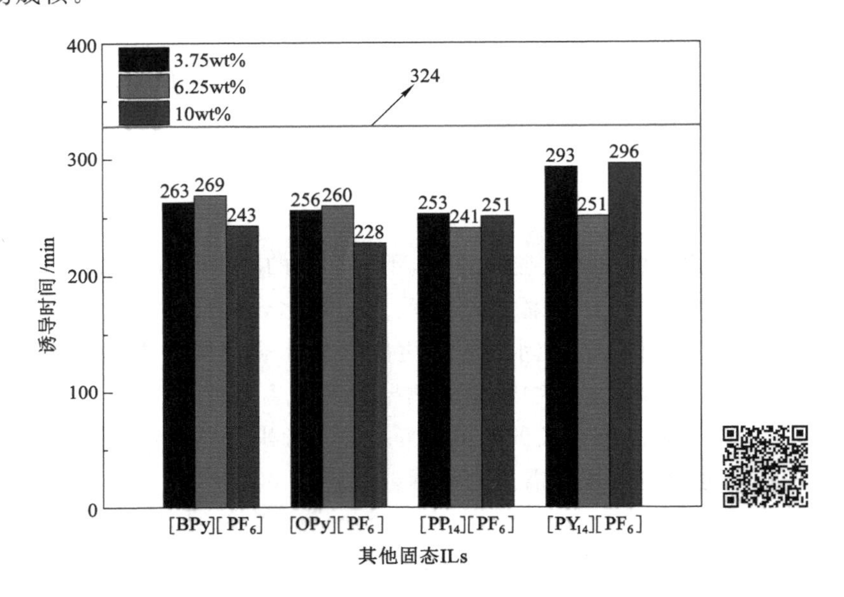

图 4-6 其他固态 ILs-水复配体系内 CO_2 水合物诱导时间(2 MPa)

4.3.2 气体消耗量

(1) 咪唑类 ILs

图 4-7 所示为[AMim][PF_6]、[EMim][PF_6]、[C_{12}Mim][PF_6]、[C_{16}Mim][PF_6]-水复配体系内 CO_2 气体消耗总量(每摩尔水的气体消耗量)。

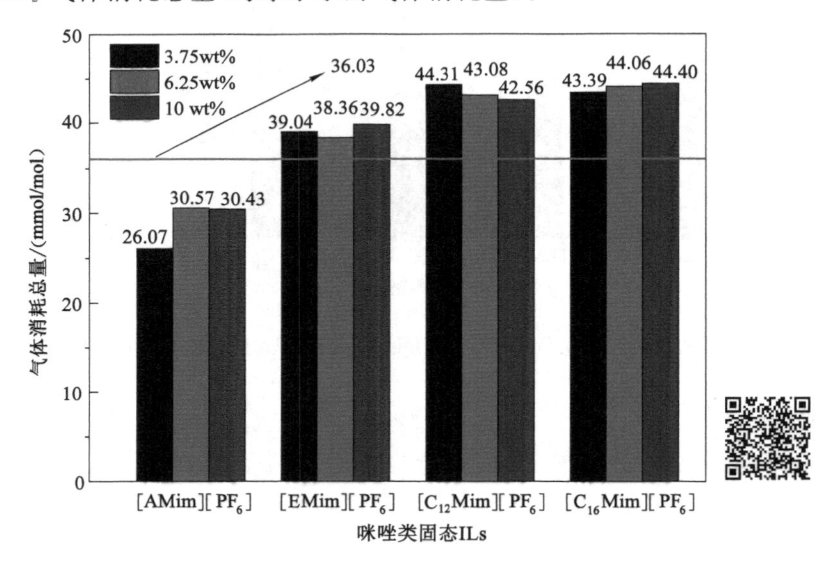

图 4-7 不同浓度的咪唑类固态 ILs-水复配体系内 CO_2 水合物气体消耗量(2 MPa)

图 4-7 显示，只有[AMim][PF_6]不利于增加气体消耗量，3.75wt%的[AMim][PF_6]-水复配体系中 CO_2 消耗总量最低，相较纯水体系降低了 9.96 mmol/mol。其余三种 ILs 均能有效提高 CO_2 消耗量。另外，[EMim][PF_6]、[C_{12}Mim][PF_6]、[C_{16}Mim][PF_6]浓度对气体消耗量的影响并不明显，几乎均在 38.5～44.5 mmol/mol 范围内。

(2) 其他杂环 ILs

图 4-8 所示为[PP_{14}][PF_6]、[BPy][PF_6]、[PY_{14}][PF_6]、[OPy][PF_6]-水复配体系在水合物生成实验中的气体消耗总量比较图。图 4-8 显示，[PP_{14}][PF_6]、[BPy][PF_6]、[PY_{14}][PF_6]、[OPy][PF_6]-水复配体系对 CO_2 气体消耗总量均高于纯水体系(图中红线)。其中，6.25wt%和 3.75wt%的[PY_{14}][PF_6]气体消耗总量分别达到 52.55 mmol/mol 和 50.46 mmol/mol，相较纯水体系分别提升 45.85%和 40.05%。且[PY_{14}][PF_6]-水复配体系相较[BPy][PF_6]、[OPy][PF_6]、[PP_{14}][PF_6]-水复配体系在水合物生成实验中捕获 CO_2 气体能力更强。由此可见，虽然[PP_{14}][PF_6]在提高相平衡温度与缩短诱导时间方面稍有欠缺，但较长的诱导期为其提高储气量提供了时间条件。

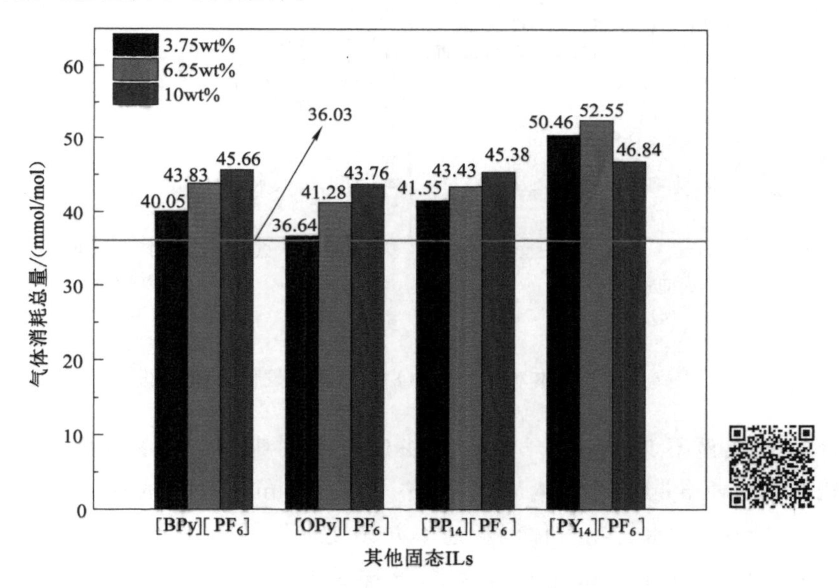

图 4-8 其他固态 ILs-水复配体系内 CO_2 水合物气体消耗量(2 MPa)

4.3.3 气体消耗速率

图 4-9 所示为 2.0 MPa 压力下，质量分数为 6.25%的 ILs 体系中 CO_2 水合物的气体消耗量随时间的变化趋势线。通过分析实时气体消耗量图发现：在初期，不同体系内的气体消耗量均急速增加，这是因为在水合反应前有一段 CO_2 气体快速溶解过程，此时气体被大量吸收进入水相。该阶段 ILs-水复配体系与纯水体系的气体消耗量基本相同，气体消耗速率也与纯水体系相差不大。这是因为[OPy][PF_6]、[BPy][PF_6]、[PP_{14}][PF_6]、[PY_{14}][PF_6]、[C_{16}Mim][PF_6]、[C_{12}Mim][PF_6]、[EMim][PF_6]、[AMim][PF_6]-水复配体系 CO_2 吸收能力较弱。之后，所有体系内的气体消耗速率都较为平缓稳定，即气体水合物生成的诱导阶

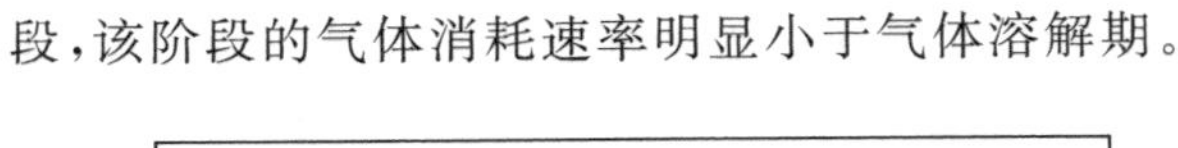

段，该阶段的气体消耗速率明显小于气体溶解期。

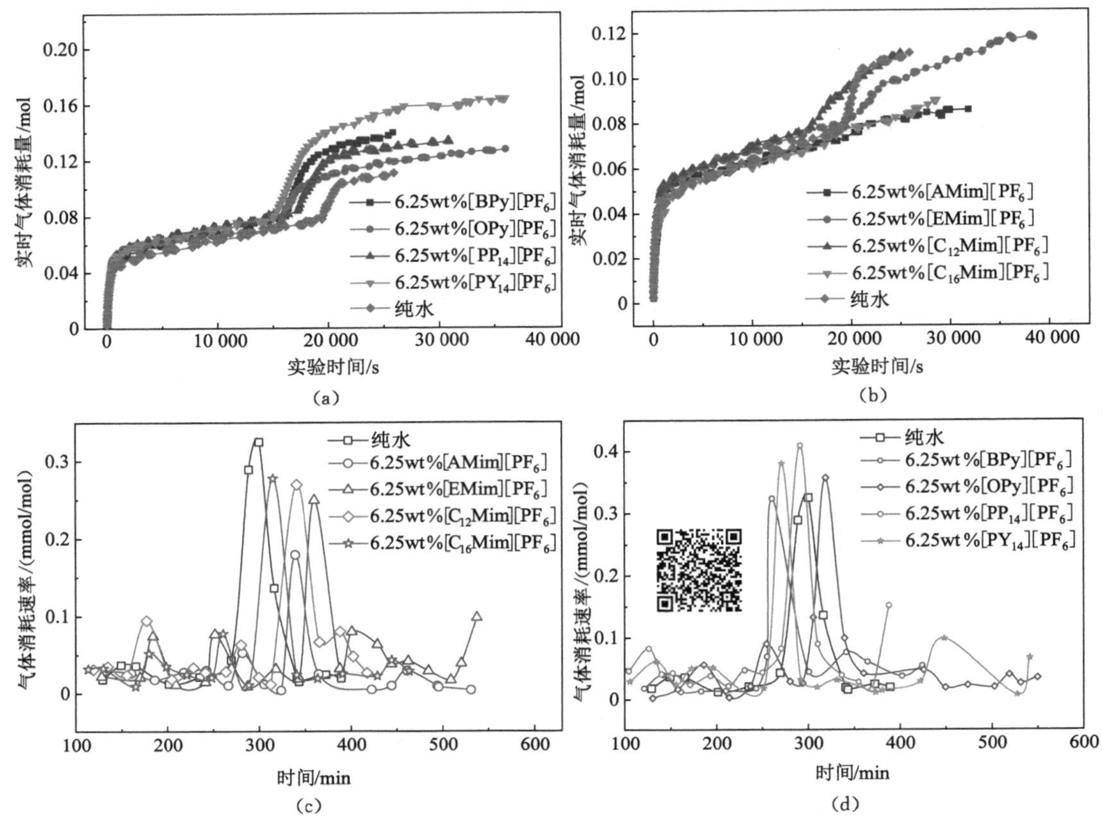

图 4-9 不同体系内生成 CO_2 水合物的气体消耗速率

当水合物生成诱导期结束，开始进入快速生长时期后，气体消耗速率再次突增。[AMim][PF_6]、[EMim][PF_6]、[C_{12}Mim][PF_6]、[C_{16}Mim][PF_6]的气体消耗速率增长缓慢，这说明咪唑类 ILs 对水合物气体消耗速率并无促进作用。[OPy][PF_6]、[BPy][PF_6]、[PP_{14}][PF_6]、[PY_{14}][PF_6]和纯水体系的气体消耗速率明显较快。相比纯水体系，[OPy][PF_6]、[PY_{14}][PF_6]、[PP_{14}][PF_6]将水合物气体消耗速率提高了约 6%～15%。

4.4 CO_2 在 ILs-水复配体系中的溶解机理

使用气体溶解度测试装置测定 CO_2 在[AMim][PF_6]、[EMim][PF_6]、[C_{12}Mim][PF_6]、[C_{16}Mim][PF_6]、[PY_{14}][PF_6]、[BPy] [PF_6]、[PP_{14}][PF_6]、[OPy][PF_6]-水复配体系中的溶解度并与纯水体系中的 CO_2 溶解度相比较，发现复配体系中的 CO_2 溶解度与纯水体系中的溶解度相一致，从气体吸收实验中可以发现在纯水中加入这些固态 ILs，并不会增加 CO_2 溶解度。

本章所用 ILs 在常温下为固态，作者曾利用石英晶体微天平测量了 CO_2 在纯固态 ILs

中的溶解度，发现这些固态 ILs 对 CO_2 均表现为物理吸附[196]。图 4-10 为 ILs、水以及 ILs-水复配体系 CO_2 溶解/吸收机理。在一定压力条件下，固态 ILs 通过分子间作用力使 CO_2 进入其自由体积或孔隙内以达到捕获 CO_2 气体的目的。对于物理吸附来说，CO_2 捕获能力受分子间作用力、自由体积、与 CO_2 结合能力、反应活性等多种因素影响[197-198]。当 ILs 中含有大量水分时，CO_2 在 ILs-水复配体系中溶解度同样受多方面因素影响：

(1) ILs-水复配体系中，H_2O 分子可能会填补 ILs 中的自由体积空间，导致 CO_2 无法进入 ILs 自由体积空间。

(2) ILs 阴离子结构与 H_2O 之间作用力强于 ILs-CO_2 以及 H_2O-CO_2，导致 CO_2 溶解吸收受阻；对于疏水性 ILs，CO_2 溶解吸收主要取决于 H_2O，因此 CO_2 在 ILs-水复配体系中的溶解吸收与纯水相差无几。

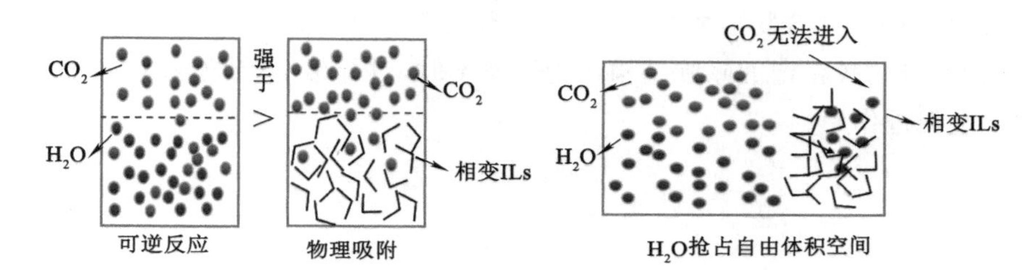

图 4-10　ILs、水以及 ILs-水复配体系 CO_2 溶解/吸收机理

4.5　CO_2 在 ILs-水复配体系中的水合反应机理

从实验结果来看，[C_{16}Mim][PF_6]、[C_{12}Mim][PF_6]、[EMim][PF_6]、[AMim][PF_6]四种咪唑类 ILs 对水合物的形成具有一定抑制作用。[AMim][PF_6]和[EMim][PF_6]相比[C_{12}Mim][PF_6]、[C_{16}Mim][PF_6]在对 CO_2 气体水合物形成的相平衡温度、诱导时间、气体消耗速率、气体消耗总量上表现出更强的抑制作用。究其原因，可能是短烷烃链的[AMim]$^+$和[EMim]$^+$比长烷烃链的[C_{16}Mim]$^+$和[C_{12}Mim]$^+$具有更高的亲水性，与水分子形成氢键能力更强，从而增加了水合物形成笼形结构的难度，表现为抑制作用[115,199]。

[OPy][PF_6]、[BPy][PF_6]、[PP_{14}][PF_6]、[PY_{14}][PF_6]-水复配体系在对 CO_2 气体水合物形成的诱导时间、相平衡温度和气体消耗速率上表现出不同程度的促进作用。其中，[OPy][PF_6]的热动力学促进效果较为显著。这主要源于其较长的阳离子取代链烃，以及碱性的吡啶芳香六元环。吡啶中存在的碱性芳香环化合物，能够促进 CH_4 水合物形成[200]。Shin 等曾报道在摩尔分数为 5.56% 的吡咯和哌啶溶液中，CH_4 水合物形成的相平衡温度升高、压力降低[201]。本书测试分析结果与该报道一致。

根据上文所述的低温水合过程中复配体系的 CO_2 吸收量以及不同复配体系下 CO_2 水合物形成的热动力学参数变化规律，得到如下结论：

(1) 咪唑类 ILs 降低了 CO_2 水合物形成的相平衡温度，但随着咪唑环上碳链增长，热力学抑制效果逐渐减弱，10wt% 的[C_{16}Mim][PF_6]-水复配体系的相平衡温度甚至略微高于纯水。

(2) 吡啶、吡咯和哌啶类阳离子的[OPy][PF_6]、[BPy][PF_6]、[PP_{14}][PF_6]、[PY_{14}][PF_6]能够提高相平衡温度，对 CO_2 水合物形成温度有缓和作用。[BPy][PF_6]、[OPy][PF_6]和[PP_{14}][PF_6]反应体系的水合物相平衡温度随 ILs 浓度增加逐渐升高，对 CO_2 水合物形成具有热力学促进作用。

(3) 与咪唑类 ILs 不同，[OPy][PF_6]、[BPy][PF_6]、[PP_{14}][PF_6]、[PY_{14}][PF_6]均能缩短气体水合物的诱导时间并提高 CO_2 气体消耗量，但对 CO_2 气体消耗速率影响不大。整体来看，6.25%的[PP_{14}][PF_6]体系中，CO_2 水合物形成的相平衡温度较高，诱导时间较短，且气体消耗速率和消耗量较高，具有良好的 CO_2 水合物热动力学促进效果。

(4) 整体来看，阳离子的烷烃取代链越长越有利于 CO_2 水合物成核；阳离子杂原子个数越少越有利于 CO_2 水合物形成和生长，六元环比五元环阳离子更有利于 CO_2 水合物形成；不含不饱和键的较稳定的哌啶结构作为阳离子时，对 CO_2 水合物形成热动力学过程具有明显的双重促进作用。

5 氨基酸-水体系中 CO_2 水合物生成热动力学特性

氨基酸作为气体水合物促进剂无毒害、无污染，进入循环水体或进入土壤后很快被生物降解。将氨基酸作为气体水合物促进剂符合“绿色工业”的理念。作为一种环保型气体水合物促进剂，氨基酸相对分子质量小、结构简单。

目前有研究报道认为，L-缬氨酸、L-丙氨酸、甘氨酸有抑制 CO_2 水合物成核作用，且抑制效果随着烷基链的增加呈现递增的趋势。推测是由于烷基链增加使其疏水性增加，从而扰乱水分子间氢键作用或者氨基酸中的氨基、羧基等亲水性基团与水分子形成氢键，加剧了水分子之间的竞争；其中，甘氨酸、丙氨酸不仅可以抑制 CO_2 水合物成核，还可以消除水合物的记忆效应[202-203]。刘政文对比了 20 种天然氨基酸促进 CO_2 水合物生成的效果发现，蛋氨酸、半胱氨酸、异亮氨酸、色氨酸在浓度为 0.2wt%时具有很好的促进效果，最高储气量分别为 356 mg/g、351 mg/g、334 mg/g、356 mg/g。苏氨酸和缬氨酸在低浓度时没有促进效果，但在浓度为 1wt%时具备促进 CO_2 水合物形成的能力，最高储气量分别为 124 mg/g、168 mg/g[139]。

从上述研究结果来看，不同类型氨基酸对 CO_2 水合物形成的影响并不一致。有关氨基酸在 CO_2 水合物形成过程中的作用机制并不明确，部分氨基酸的影响还未见报道。本章选取了目前报道较少的 L-精氨酸和 L-组氨酸，研究 CO_2 水合物在这两种氨基酸溶液中的形成特性。

5.1 气体溶解阶段 CO_2 吸收量

图 5-1 为 L-精氨酸和 L-组氨酸-水复配体系在水合物实验中的 CO_2 吸收量。在纯水体系中（图中红线即纯水的 CO_2 吸收量）CO_2 吸收量为 24.50 mmol/mol。CO_2 在不同浓度的氨基酸-水复配体系下的吸收量和固态 ILs-水复配体系下表现出不一样的规律，CO_2 在不同浓度的氨基酸-水复配体系下的吸收量均大于纯水体系，且吸收量随着氨基酸浓度的增大而增大。温度条件为 25 ℃时，L-组氨酸和 L-精氨酸在水中的溶解度约为 4wt%和 15wt%。进行气体吸收实验考虑组氨酸在水中的溶解度问题，只进行了 1.25wt%和 3.75wt%的组氨酸-水复配体系的 CO_2 气体吸收实验。而在低温水合物生成实验中我们无法得知 L-精氨酸和 L-组氨酸在水中的溶解度，但是可以肯定的是，L-组氨酸在复配体系中是过量的。但是在低温水合过程中，L-组氨酸-水复配体系的 CO_2 吸收量随着 L-组氨酸浓度的增大而增

大。这说明复配体系中以固体颗粒存在的 L-组氨酸仍能够与 CO_2 继续发生化学反应。并且过量的氨基酸虽然在吸收阶段对 CO_2 的溶解度没有影响，但是氨基酸固体颗粒的存在能够为水合物提供成核位点，这对水合物的成核有所影响。

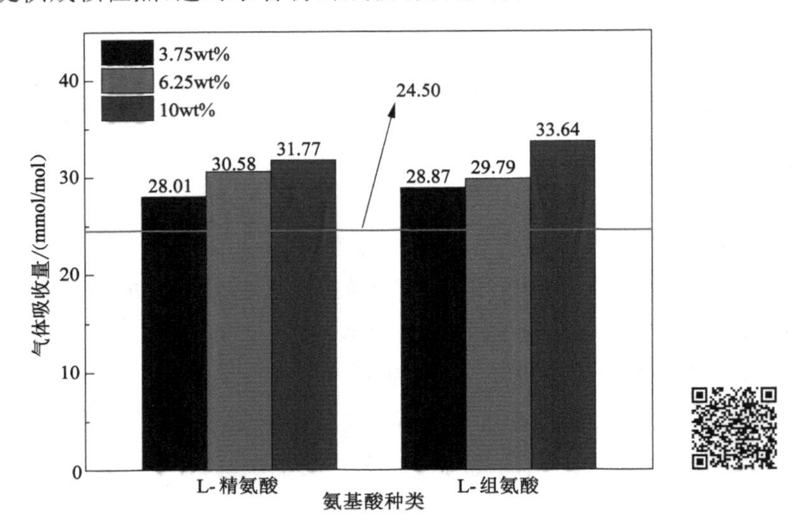

图 5-1　氨基酸-水复配体系在水合物实验中的 CO_2 吸收量

5.2　氨基酸体系中 CO_2 水合物形成热动力学特性

5.2.1　相平衡

图 5-2 为不同浓度的 L-精氨酸、L-组氨酸-水复配体系内 CO_2 水合物热力学相平衡温度。图中显示，将 L-精氨酸、L-组氨酸添加到 CO_2+H_2O 反应体系中后，在相同压力条件下与纯水体系相比，复配体系使水合物相平衡温度向更低的温度偏移。

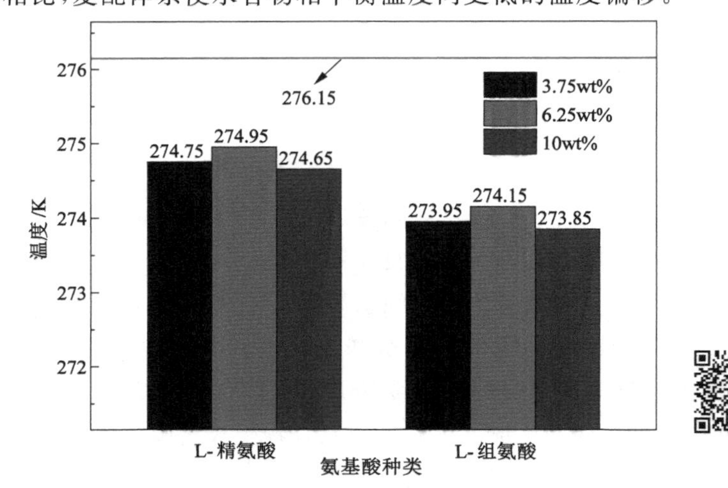

图 5-2　不同浓度的氨基酸-水复配体系内 CO_2 水合物热力学相平衡温度(2 MPa)

在 2.0 MPa 恒定压力实验条件下，当 6.25wt%的 L-精氨酸和 L-组氨酸加入反应体系后，生成 CO_2 水合物的相平衡温度最高，但仍比纯水体系分别减少 1.2 K 和 2.0 K。这表明 L-精氨酸和 L-组氨酸对 CO_2 水合物的热力学相平衡条件起抑制作用。

5.2.2 诱导时间

图 5-3 为 2 MPa 的恒压实验条件下，不同浓度 L-精氨酸和 L-组氨酸体系中生成 CO_2 水合物诱导时间比较图。相比于纯水体系（图中所标红线），氨基酸加入后 CO_2 水合物生成所需的诱导时间均增加，其中最明显的是 3.75wt%和 10wt%的 L-组氨酸体系，诱导时间增长至约 480 min，较纯水体系增长了约 47%。6.25wt%L-精氨酸体系诱导时间最短，但仍比纯水体系增长了 3.09%。由此可见，L-精氨酸和 L-组氨酸的加入导致 CO_2 水合物诱导时间延长，说明 L-精氨酸和 L-组氨酸对 CO_2 水合物形成有抑制作用。

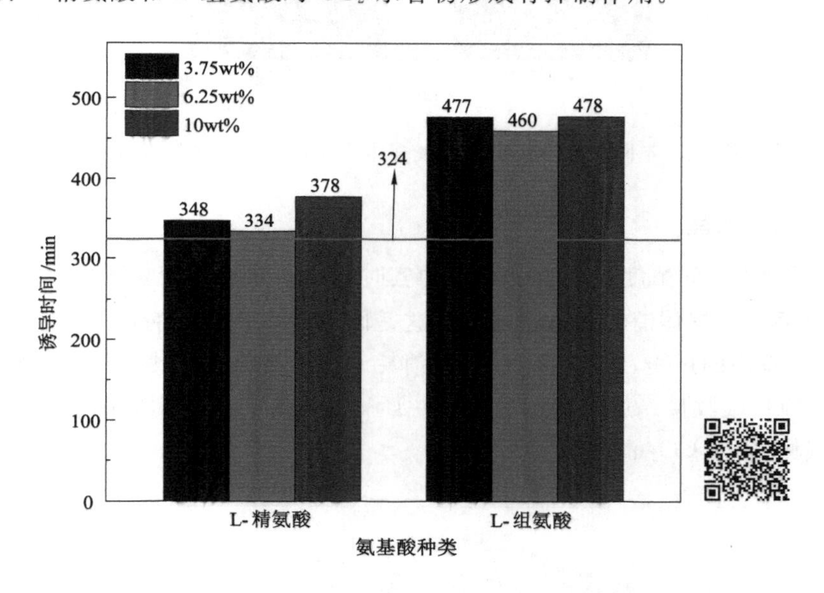

图 5-3 不同浓度的氨基酸-水复配体系内 CO_2 水合物诱导时间（2 MPa）

5.2.3 气体消耗量

图 5-4 所示为 L-精氨酸和 L-组氨酸-水复配体系内 CO_2 气体消耗总量。由图 5-4 可知，L-精氨酸和 L-组氨酸-水复配体系对 CO_2 气体消耗总量相较纯水体系表现为促进作用。其中，L-组氨酸-水复配体系气体消耗总量与纯水体系相差不大，大约提升 0.5%～2.1%。L-精氨酸-水复配体系相较纯水体系气体消耗总量提升 17.26%～20.29%。不同浓度的氨基酸-水复配体系的 CO_2 气体消耗总量相差较小。值得一提的是，L-组氨酸与水并不完全互溶。本章所用 3.75wt%、6.25wt%、10wt%L-组氨酸-水复配体系中均有 L-组氨酸析出。分析可知，水中过量的 L-组氨酸并未为 CO_2 水合物形成提供晶核，反而由于其与 CO_2 之间的化学作用，以及与 H_2O 之间的氢键作用，CO_2 水合物成笼难度增加，整体耗气量并未提高。

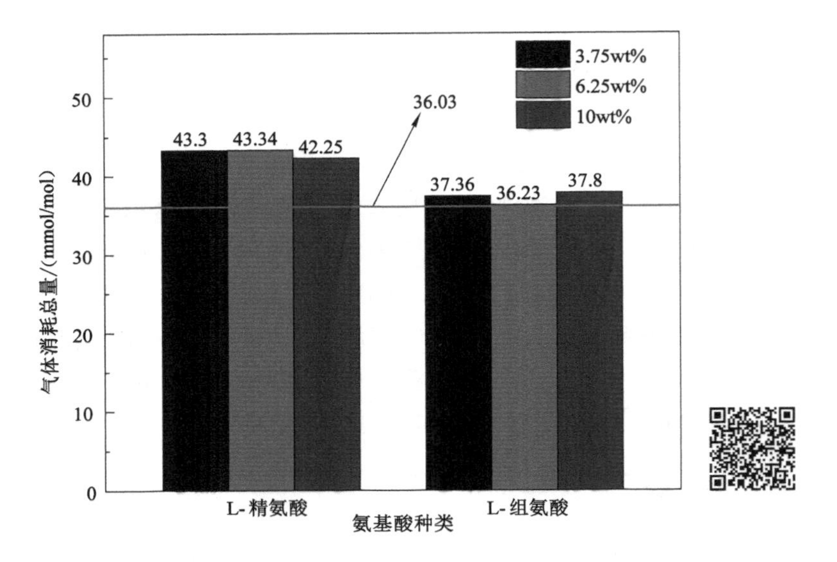

图 5-4　不同浓度的氨基酸-水复配体系内 CO_2 水合物气体消耗量

5.2.4　气体消耗速率

图 5-5 所示为不同浓度氨基酸-水体系中实时的 CO_2 消耗量变化图。图中显示，在实验前期，不同体系内的气体消耗量急速增加。这是因为在水合反应前，有一段 CO_2 气体快速溶解在复配体系内的过程，此时气体被大量消耗。与纯水体系相比，氨基酸-水复配体系显示出更高的 CO_2 吸收量。这是因为在纯水中加入 L-精氨酸和 L-组氨酸能够通过化学作用吸收 CO_2 气体，因而 CO_2 消耗量较大。

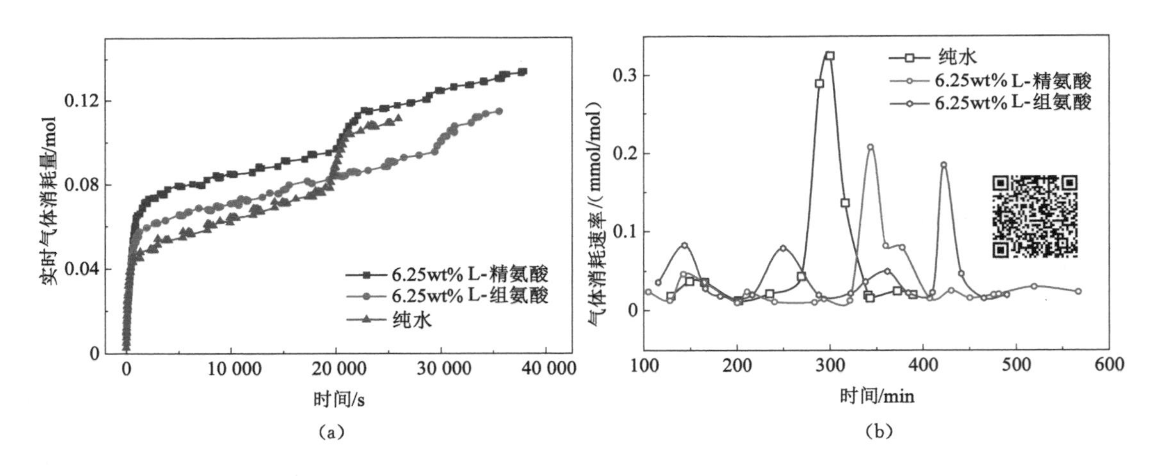

图 5-5　不同体系内生成 CO_2 水合物的气体消耗速率

当实验进行到中期时，所有体系内的气体消耗速率都保持稳定状态。此时气体水合物实验开始进入水合物生成诱导期。在这一时期，所有体系内的气体消耗速率缓慢、稳定，且气体消耗速率明显低于气体溶解期。

当实验进行到中后期时，水合物生成诱导期结束，开始进入快速生长时期。此时气体消耗速率再次突增，实验现象表现为气体消耗量迅速增加，储气罐压力快速下降。由气体消耗速率曲线的斜率变化可见，在快速生长阶段，L-精氨酸、L-组氨酸存在时气体消耗速率增长均不及纯水体系。

本书第 4 章和第 5 章分别研究了绿色添加剂(各类室温固态 ILs 和部分氨基酸)-水复配体系内 CO_2 水合物生成的热动力学特性。总的来看，氨基酸-水复配体系在 CO_2 气体溶解阶段具有更高的 CO_2 吸收量，但在后续的 CO_2 水合物形成和生长阶段则对相平衡温度、诱导时间、气体消耗速率表现为抑制作用。固态 ILs-水复配体系的 CO_2 溶解度与纯水体系相近，但在 CO_2 水合物形成和生长阶段，不同结构 ILs 的影响不一。其中，吡啶、吡咯和哌啶阳离子的[PY_{14}][PF_6]、[BPy][PF_6]、[PP_{14}][PF_6]、[OPy][PF_6]对 CO_2 水合物热动力学促进效果优于咪唑阳离子的[AMim][PF_6]、[EMim][PF_6]、[C_{12}Mim][PF_6]、[C_{16}Mim][PF_6]。上述结果也说明，前期在水相中溶解的气体量与后续水合物反应热动力学特性并无必然联系。

5.3 CO_2 在氨基酸-水复配体系中的溶解机理

氨基酸是一类含有氨基和羧基的有机化合物，根据氨基和羧基数量不同，氨基酸可分别呈现出酸性、碱性、中性。L-精氨酸和 L-组氨酸属于碱性氨基酸，能够吸收 CO_2 和其产生化学反应。L-精氨酸-水复配体系和 L-组氨酸-水复配体系，相比纯水体系具有更高的 CO_2 吸收能力，且随着 L-精氨酸和 L-组氨酸浓度升高，CO_2 在复配体系中的溶解度升高。

L-精氨酸和 L-组氨酸的结构式分别如图 2-2(a)和图 2-2(b)所示。

精氨酸分子中同时存在氨基、羧基、胍基、直链烷烃、疏水基团和亲水基团、酸性基团和碱性基团、分子间氢键和分子内氢键。L-精氨酸的结构式，除含有 1 个胍基外，还包括 1 个羧基和 1 个氨基。分子内羧基和氨基能反应生成盐，称为内盐，亦称两性离子或偶极离子。氨基酸在水中的电离方程式及 CO_2 溶解于水的解离式如下：

$$^{-}O_2C—R—NH_3^+ + H_2O \rightleftharpoons {}^{-}O_2C—R—NH_2 + H_3O^+$$

$$CO_2 + H_2O \rightleftharpoons HCO_3^- + H^+$$

$$HCO_3^- \rightleftharpoons CO_3^{2-} + H^+$$

氨基酸电离产生的 H_3O^+ 会抑制 CO_2 在水中电离，即降低 CO_2 在水中的溶解度。实验测得只含 1 个氨基和 1 个羧基的氨基酸，如甘氨酸水溶液，完全不吸收 CO_2。那么在 L-精氨酸分子中起碱性并吸收 CO_2 作用。因此，可将上述内盐近似视为中性盐。因此，L-精氨酸分子吸收 CO_2 主要是由于其结构中含有碱性较强的胍基，该胍基碱性很强，pKa 值为 12.48，在中性、酸性或碱性的环境下都是质子化状态。氮孤立电子对及双键之间存在的共轭体系，使正电极(H^+)离开原位，且其在碱性、中性和酸性条件下都呈现为质子化状态[204]。胍基能形成多重的氢键。胍基吸收 CO_2 反应如式(5-1)所示，产物为稳态的氨基甲酸盐和亚稳态的碳酸氢盐。

$$\mathrm{H_2N{-}\overset{+}{N}({=}NH){-}NH_2 + CO_2 \overset{H_2O}{\rightleftharpoons} H_2N{-}\overset{+}{N}({=}N{-}C({=}O)O^-){-}NH_2 + H_2N{-}\overset{+}{N}({=}NH_2){-}NH_2\ HCO_3^- + H_2N{-}\overset{+}{N}({=}N{-}C({=}O)O^-){-}NH_2\ \ H_2N{-}\overset{+}{N}({=}NH_2){-}NH_2} \tag{5-1}$$

上述吸收反应均是可逆的，当温度升高时，氨基甲酸盐和碳酸氢盐受热分解，反应向左进行，CO_2 气体逸出，此即解吸反应机制。

L-组氨酸与 CO_2 反应可以用两性离子机理来描述。它涉及形成作为中间体的两性离子，紧接着由 B(如 H_2O、OH^- 等)和两性离子进行反应，进而形成氨基甲酸酯[205]，其反应式如下所示：

$$CO_2 + H_2N{-}CHR'{-}COO^- \rightleftharpoons {}^-COO^+H_2N{-}CHR'{-}COO^- \tag{5-2}$$

$$ {}^-COO^+H_2N{-}CHR'{-}COO^- + B \longrightarrow {}^-COOHN{-}CHR'{-}COO^- + BH^+ \tag{5-3}$$

5.4 CO_2 在氨基酸-水复配体系中的水合机理

L-精氨酸和 L-组氨酸-水复配体系只是在水合物实验的初始溶解阶段表现出较高的 CO_2 吸收量。而在水合物实验的水合物形成和生长阶段对 CO_2 捕获效果并不理想，且在水合物诱导时间、气体消耗速率、相平衡温度参数方面均表现为抑制作用。这可能是因为亲水性氨基酸的侧链与水合物晶体表面具有范德华力相互作用或静电相互作用，从而阻断水合物成核并破坏水合物晶体进一步生长，进而对水合物的动力学形成抑制作用[206-207]。尽管如此，L-精氨酸和 L-组氨酸-水复配体系的 CO_2 消耗总量仍高于纯水体系。虽然 L-组氨酸和 L-精氨酸对水合物的形成具有抑制作用，但是 L-精氨酸和 L-组氨酸本身可通过化学吸收作用消耗 CO_2，且较长的诱导时间和生长时间也为 CO_2 充分进入水合物笼提供了时间条件，因此这两种体系下 CO_2 总消耗量较高。

对 L-组氨酸和 L-精氨酸的热力学抑制机制进行分析，有国外的研究者通过 MOT 理论分析热力学抑制剂对水合物生成热力学条件的影响[102]。体系中水合物相平衡温度和体系中水活度的关系可表示为：

$$\lg a_m = -\int_{T_w}^{T_0} \frac{\Delta H_f}{RT^2} \mathrm{d}T \tag{5-4}$$

式中，a_m 为水活度，无量纲；T_0 为纯水中水合物的相平衡温度，K；T_w 为加入水合物添加剂后水合物的相平衡温度，K；ΔH_f 为水合物的熔化焓，J/mol；R 为摩尔气体常数，J/(mol·K)。

对式(5-4)求解得：

$$T_w = \frac{T_0 \Delta H_f}{\Delta H_f - T_0 R \lg a_m} \tag{5-5}$$

对式(5-5)中 a_m 求导得出：

$$\frac{dT_w}{da_m} = \frac{\Delta H_f}{\lg R a_m (\frac{\Delta H_f}{RT_0} - \lg a_m)^2} > 0 \tag{5-6}$$

由式(5-6)可知，水活度和体系内水合物相平衡温度成正比，水活度越高，水合物相稳定存在所需的温度越高，水合物越容易生成。L-精氨酸和 L-组氨酸中含有的羟基官能团，通过与 H_2O 分子形成氢键，使复配体系中的水活度降低，自由水量减少，从而导致水合物形成的热力学相平衡条件变得更加苛刻。

总的来看，本章测试分析了 L-精氨酸-水和 L-组氨酸-水复配体系中 CO_2 水合物形成规律和特性参数，发现与纯水体系相比，这两种氨基酸-水复配体系中 CO_2 水合物形成阶段相平衡温度较低、诱导时间较长、耗气速率并无明显提高。但由于能够溶解较多 CO_2，最终耗气量略有增加。

另外，本章综合氨基酸-水复配体系、ILs-水复配体系中的 CO_2 水合物形成规律和特性参数，分析了固态 ILs-水、氨基酸-水复配体系中的气体溶解机理及水合机理。固态 ILs-水复配体系中，ILs 本身未与 CO_2 反应，CO_2 物理吸收受温度和压力影响，遵从亨利定律；而氨基酸-水复配体系对 CO_2 的吸收则主要归功于 L-组氨酸和 L-精氨酸的碱性基团。也就是说，捕获剂与气体之间的物理/化学作用决定了水合反应前期气体溶解/吸收程度，而气体水合物的形成阶段则有赖于水分子之间的氢键和成笼能力。前期的气体溶解吸收与后续水合物形成热动力学之间并无直接关联，添加剂与 CO_2 或 H_2O 之间作用力过强反而不利于气体水合物成笼和快速生长。

6 氨基酸-水体系中 CH_4 水合物生成热动力学特性

刘志辉等通过泡状流下氨基酸对 CH_4 水合物形成过程影响实验，认为氨基酸(苏氨酸、甘氨酸、丙氨酸、缬氨酸、亮氨酸和异亮氨酸)对 CH_4 水合物具有抑制作用。氨基酸抑制机理可能随着水合物生成阶段不同而不同，在水合物生长初期主要是—NH_2 及—COOH 对水分子的吸附及扰乱作用，在水合物形成中后期，氨基酸被形成的水合物排开形成氨基酸膜包裹在水合物晶体周围，从而阻止水合物成核及晶体进一步生长[208]。Lee 等研究了甘氨酸和[Bmim][BF_4]对 CH_4 水合物的动力学抑制作用，以及氨基酸-[Bmim][BF_4]混合物的协同抑制作用[209]。尽管如此，也有学者研究发现部分氨基酸具有促进气体水合物形成的作用。陈玉龙通过实验发现亮氨酸具有促进甲烷水合物形成的作用，最佳浓度为 0.5wt%；而且氨基酸侧链的长度大于 3 个碳原子且为强疏水性基团时，才能对 CH_4 水合物的生长表现出明显的促进作用；氨基酸的促进效果与其溶液的表面张力无直接关联[140]。

本章采用亮氨酸、色氨酸、1,3-二氧五环作为添加剂，开展不同添加剂体系中 CH_4 水合物的生成实验，为后续气体分离实验提供研究基础。图 6-1 对比了本实验与相关文献的 CH_4 水合物在纯水体系中的相平衡数据。由图 6-1 可知，实验装置采集的相平衡数据与 Xu 等和 Adisasmito 等的实验数据相近，吻合性较好，由此证明，本实验采用的实验装置所采集的数据是可信的[210-211]。

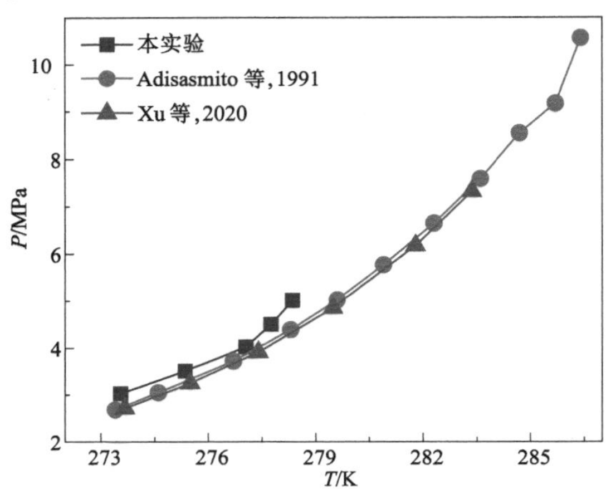

图 6-1 不同纯水体系中 CH_4 水合物的相平衡数据[210-211]

6.1　氨基酸体系中 CH_4 水合物生成实验

6.1.1　氨基酸体系中 CH_4 水合物生成热力学研究

表 6-1 和图 6-2 所示为 3～5 MPa 压力条件下，CH_4 水合物在 0.1wt%、0.3wt%、0.5wt%、0.7wt%四种浓度亮氨酸体系中的相平衡数据。

表 6-1　不同浓度亮氨酸体系中 CH_4 水合物的相平衡数据(3～5 MPa)

序号	体系	P/MPa	T/K	序号	体系	P/MPa	T/K
1	0.1wt%亮氨酸	3.01	270.45	11	0.5wt%亮氨酸	3.02	270.85
2		3.52	270.75	12		3.53	270.55
3		4.06	272.95	13		4.01	272.85
4		4.55	272.45	14		4.54	274.15
5		5.05	273.65	15		5.03	278.25
6	0.3wt%亮氨酸	3.03	272.05	16	0.7wt%亮氨酸	3.01	269.45
7		3.54	274.05	17		3.53	270.65
8		4.07	274.45	18		4.01	271.15
9		4.52	274.05	19		4.54	271.65
10		5.04	275.05	20		5.03	272.15

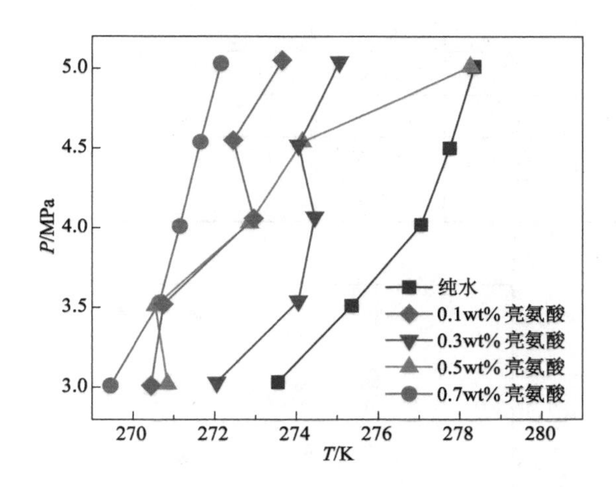

图 6-2　不同浓度亮氨酸体系中 CH_4 水合物的相平衡数据(3～5 MPa)

由图 6-2 可知，随实验压力升高，CH_4 水合物的相平衡条件变得更加温和。当压力条件相同时，亮氨酸的加入促使 CH_4 水合物的相平衡曲线左移，相平衡温度低于同等条件下纯水体系的相平衡温度，亮氨酸使 CH_4 水合物的生成条件变得更加苛刻。观察还可以发现，两种体系的相平衡条件差异较大，只有当压力为 5 MPa 时，0.5wt%亮氨酸与纯水体系的相平衡温度才比较接近，仅比纯水体系低 0.1 K。总的来看，在同等压力条件下，亮氨酸体系中的 CH_4 水合物在更低温度下生成，说明亮氨酸是 CH_4 水合物的热力学抑制剂。通过对比不同浓度亮氨酸体系中 CH_4 水合物生成的相平衡条件可以发现，0.3wt%亮氨酸体系对 CH_4 水合物的热力学抑制效果最差，其次是 0.5wt%亮氨酸，0.7wt%亮氨酸体系对 CH_4 水合物的热力学抑制效果最强。

亮氨酸之所以会抑制 CH_4 水合物热力学生成过程，可能是因为亮氨酸的亲水基团氨基（—NH_2）和羧基（—COOH）与水分子产生相互作用，形成氢键[212]；另外，亮氨酸的疏水性侧链较短，对亮氨酸与水分子形成氢键的阻力较小。形成氢键所产生的静电力减弱了水分子在水合物形成中的作用，抑制了水分子的活性，从而抑制了 CH_4 水合物的生成热力学过程[91,135]。

随后又测定了 3～5 MPa 压力条件下，CH_4 水合物在 0.1wt%、0.3wt%、0.5wt%、0.7wt%四种浓度色氨酸体系中生成的相平衡数据，如表 6-2 和图 6-3 所示。

表 6-2　不同浓度色氨酸体系中 CH_4 水合物的相平衡数据（3～5 MPa）

序号	体系	P/MPa	T/K	序号	体系	P/MPa	T/K
1	0.1wt%色氨酸	3.05	272.15	11	0.5wt%色氨酸	3.02	272.55
2		3.51	272.15	12		3.52	272.45
3		4.03	272.45	13		4.04	272.45
4		4.52	275.65	14		4.51	273.15
5		5.02	275.65	15		5.07	272.45
6	0.3wt%色氨酸	3.01	271.05	16	0.7wt%色氨酸	3.03	270.75
7		3.51	272.65	17		3.53	272.95
8		4.07	274.35	18		4.04	273.45
9		4.51	274.55	19		4.55	272.95
10		5.03	276.95	20		5.03	272.95

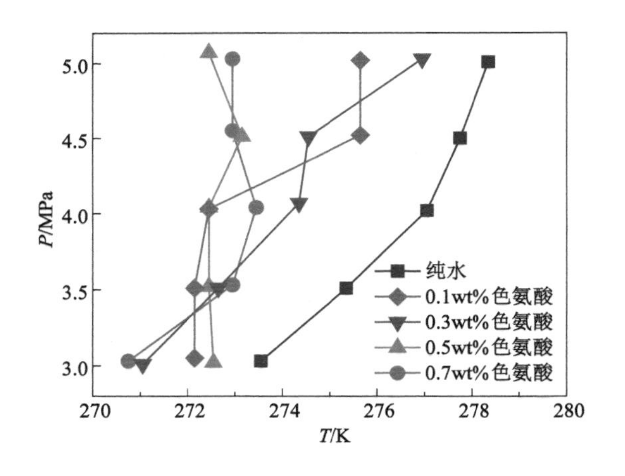

图 6-3　不同浓度色氨酸体系中 CH_4 水合物的相平衡数据（3～5 MPa）

由图 6-3 可知，随实验压力升高，CH_4 水合物的相平衡温度升高。当压力条件相同时，色氨酸的加入同样促使 CH_4 水合物的相平衡曲线左移，相平衡温度低于同等压力条件下纯水体系的相平衡温度，色氨酸使 CH_4 水合物的生成条件变得更加苛刻。观察还可以发现，色氨酸体系中 CH_4 水合物的相平衡温度与纯水体系相差较大。例如，当压力为 5 MPa 时，0.5wt%色氨酸体系与相同压力条件下纯水体系的相平衡温度相差最小，为 5.9 K。总的来看，在同等压力条件下，色氨酸体系中的 CH_4 水合物在更低温度下生成，色氨酸同亮氨酸一样是 CH_4 水合物的热力学抑制剂。通过比对不同浓度色氨酸体系中 CH_4 水合物生成的相平衡条件可以发现，0.3wt%色氨酸对 CH_4 水合物的热力学抑制效果最差。此外，当色氨酸浓度为 0.5wt%时，压力变化对 CH_4 水合物的相平衡条件影响较小，0.1wt%和 0.7wt%色氨酸体系中的部分数据也表现出同样的规律。

色氨酸的热力学抑制机理与亮氨酸相似，其结构中亲水性的氨基（—NH_2）和羧基（—COOH）易与水分子产生相互作用，形成氢键所产生的静电力减弱了水分子在 CH_4 水合物形成中的作用，降低了水分子的活性，从而抑制了 CH_4 水合物的生成[212]。

6.1.2 氨基酸体系中 CH_4 水合物生成动力学研究

（1）诱导时间

图 6-4 为 3～5 MPa 压力时，纯水和不同浓度亮氨酸、色氨酸体系中 CH_4 水合物生成的诱导时间。由图可知，纯水体系中 CH_4 水合物的诱导时间随压力升高而缩短。当压力为 3 MPa时，纯水体系中 CH_4 水合物的诱导时间为 380.2 min。当压力为 5 MPa 时，纯水体系中 CH_4 水合物的诱导时间为 133.2 min，仅为 3 MPa 的诱导时间的 1/3。这是因为水合物成核驱动力与压力成正比，压力越大，成核驱动力越大，驱动力的增大缩短了 CH_4 水合物的诱导成核时间。

图 6-4(a)为 3 MPa 压力条件下，不同浓度亮氨酸和色氨酸体系中 CH_4 水合物生成的诱导时间。由图可知，所有体系的诱导时间普遍偏长，这是因为诱导时间和成核驱动力成反比，成核驱动力与压力成正比，因此当压力较小时，水合物的诱导成核时间偏长。此外，亮氨酸和色氨酸的加入延长了 CH_4 水合物的诱导时间。例如，当压力为 3 MPa 时，纯水体系的诱导时间为 380.2 min，亮氨酸和色氨酸体系中 CH_4 水合物的诱导时间均大于 450 min。此外还能发现，在亮氨酸体系中，当浓度为 0.3wt%时，CH_4 水合物的诱导时间最短，为 503.6 min，但相比纯水体系增加了约 1/3。在色氨酸体系中，当浓度为 0.5wt%时，CH_4 水合物的诱导时间最短，为 459 min，但相比纯水体系增加了约 1/5。

图 6-4(b)显示当压力为 3.5 MPa 时，不同浓度亮氨酸和色氨酸体系中 CH_4 水合物生成的诱导时间。由图可知，当压力为 3.5 MPa 时，CH_4 水合物的诱导时间相比 3 MPa 时有所缩短，这是因为更大的压力提供了更大的成核驱动力，加快了 CH_4 水合物的诱导成核过程。此外，亮氨酸和色氨酸的加入延长了 CH_4 水合物的诱导时间。例如，当压力为 3.5 MPa 时，纯水体系的诱导时间为 266.4 min，亮氨酸和色氨酸体系中 CH_4 水合物的诱导时间均大于 350 min。在亮氨酸体系中，当浓度为 0.3wt%时，CH_4 水合物的诱导时间最短，为 358.3 min；在色氨酸体系中，当浓度为 0.7wt%时，CH_4 水合物的诱导时间最短，为 459 min，但相比纯

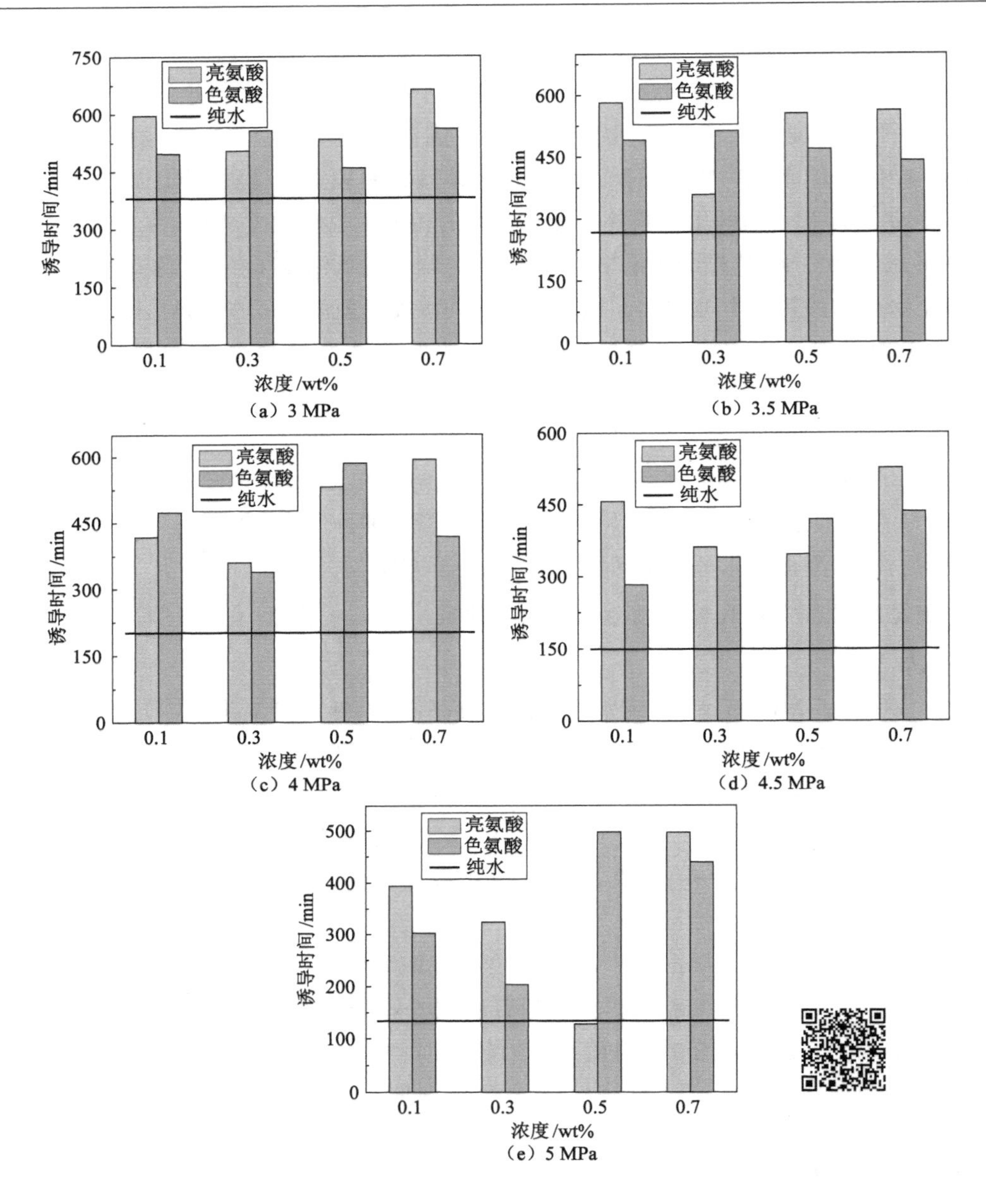

图 6-4　不同体系中 CH_4 水合物生成的诱导时间

水体系分别增加了 34%和 72%。

图 6-4(c)为 4 MPa 压力条件下，不同浓度亮氨酸和色氨酸体系中 CH_4 水合物生成的诱导时间。由图可知，4 MPa 压力下 CH_4 水合物的诱导时间相比 3.5 MPa 时的诱导时间进一步缩短，这是因为成核驱动力增大加快了 CH_4 水合物的诱导成核。但氨基酸的加入仍然抑制了 CH_4 水合物的成核过程。例如，当压力为 4 MPa 时，纯水体系的诱导时间为 201.9 min，亮氨酸和色氨酸体系中 CH_4 水合物的成核诱导时间均大于 330 min。亮氨酸和色氨酸体系均在浓度为 0.3wt%时出现了 CH_4 水合物的诱导时间最短的现象，分别为 360.2 min、338.4 min，而相比纯水体系仍分别增加了 78%和 68%。

图 6-4(d)为 4.5 MPa 压力下，CH_4 水合物在不同浓度亮氨酸和色氨酸体系中生成的诱导时间。由图可知，4.5 MPa 压力下 CH_4 水合物的诱导时间进一步缩短，这是因为成核驱动力的增大加快了 CH_4 水合物的诱导成核。CH_4 水合物在氨基酸体系中生成的诱导时间同样慢于纯水体系，亮氨酸和色氨酸延长了 CH_4 水合物的诱导时间。4 MPa 压力条件下，纯水体系中 CH_4 水合物的诱导时间为 149.5 min。当亮氨酸浓度为 0.3wt%时，CH_4 水合物的诱导时间最短，为 346.3 min，与纯水体系相比，增加了 1.3 倍；当 0.1wt%色氨酸加入反应体系时，CH_4 水合物的诱导时间最短，为 282.9 min，与纯水体系相比，增加了 89%。

图 6-4(e)显示了当压力为 5 MPa 时，不同浓度亮氨酸和色氨酸体系中 CH_4 水合物生成的诱导时间。由图可知，5 MPa 压力下，CH_4 水合物的成核诱导时间最短，这是因为较大压力提供的成核驱动力加快了 CH_4 水合物的成核过程。观察还可以发现，除 0.5wt%亮氨酸以外，亮氨酸和色氨酸的加入延长了 CH_4 水合物的诱导时间。当压力为 5 MPa 时，纯水体系中 CH_4 水合物的诱导时间为 133.2 min。在亮氨酸体系中，浓度为 0.5wt%时的 CH_4 水合物的诱导时间最短，为 127.2 min，相比纯水体系缩短了 6 min；在色氨酸体系中，当浓度为 0.3wt%时，CH_4 水合物的诱导时间最短，为 203.3 min，但相比纯水体系仍增加了约 1/2。

由图 6-4 可知，所有体系的诱导时间随实验压力升高而缩短。当反应体系加入亮氨酸或色氨酸后，几乎所有体系中 CH_4 水合物的诱导时间均有所延长，说明亮氨酸和色氨酸延缓了 CH_4 水合物的诱导成核过程。此外，在相同压力条件下，随亮氨酸浓度增加，CH_4 水合物的诱导时间均呈现出先减少后增加的趋势，总体来看，0.3wt%亮氨酸体系中 CH_4 水合物的诱导时间最短。而色氨酸浓度与诱导时间的关系不太明显，这可能与水合物成核具有随机性有关[155]。

(2) 生长时间

图 6-5 为纯水和不同浓度亮氨酸、色氨酸体系中 CH_4 水合物的生长时间。对于纯水体系来说，CH_4 水合物的生长时间随实验压力增大先增加后减少。在 3 MPa 时，CH_4 水合物

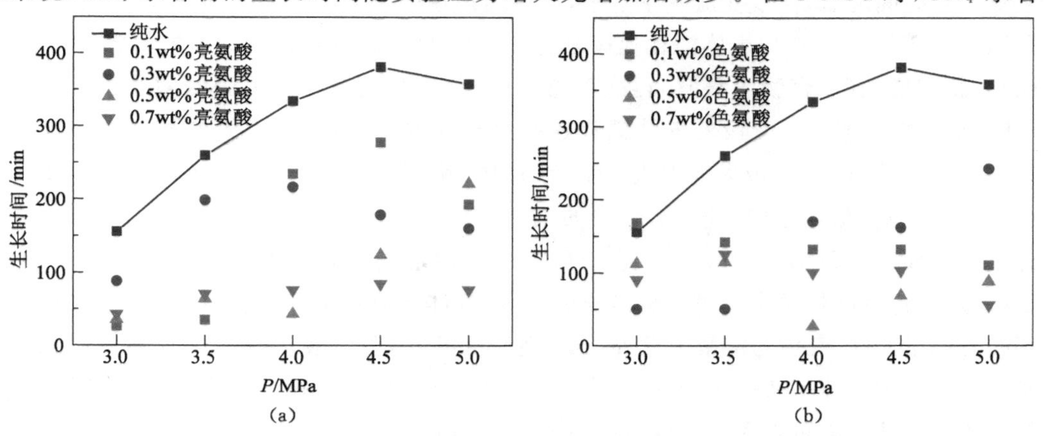

图 6-5 不同体系中 CH_4 水合物的生长时间

的生长时间为 155.6 min；当压力升高到 4.5 MPa 时，生长时间最长，为 381.1 min；当压力增长到 5 MPa，CH_4 水合物的生长时间有所缩短，为 357.8 min。与纯水体系相比，亮氨酸和色氨酸的加入缩短了 CH_4 水合物的生长时间，只有当压力为 3 MPa 时，0.1wt%色氨酸体系中 CH_4 水合物的生长时间延长了 12.6 min。

图 6-5(a)为不同浓度亮氨酸体系中 CH_4 水合物的生长时间。由图可知，亮氨酸体系中 CH_4 水合物的生长时间同纯水体系一样先增加后减少，但不同浓度亮氨酸体系中 CH_4 水合物的生长时间最高点所处的压力条件不同，只有 0.5wt%亮氨酸体系的生长时间呈一直增加的趋势。其中，0.7wt%亮氨酸体系的生长时间变化比较平稳，随着实验压力增高，其生长时间变化不大。总的来看，压力增大，会延长 CH_4 水合物的生长时间。

图 6-5(b)为 CH_4 水合物在不同浓度色氨酸体系中的生长时间。由图可知，其整体规律不如亮氨酸明显。其中，当浓度为 0.1wt%和 0.7wt%时，生长时间变化趋势较缓，甚至出现了生长时间随压力升高而减少的现象。

(3) 气体消耗速率

气体消耗速率是评价水合物生长动力学特征的一个重要指标，可以反映 CH_4 水合物的生成速度。实验发现，0.3wt%氨基酸体系对 CH_4 水合物生成的热力学抑制效果最差，且 0.3wt%氨基酸体系中 CH_4 水合物的诱导时间相对较短。因此，本节着重研究 0.3wt%氨基酸体系中 CH_4 水合物的气体消耗速率，气体消耗速率用气体消耗量的变化率(即曲线斜率)表示。

图 6-6 为 3～5 MPa 时，CH_4 水合物在纯水、0.3wt%亮氨酸和 0.3wt%色氨酸体系中的实时气体消耗量。由图可知，所有体系中 CH_4 水合物的气体消耗速率变化规律相对一致。实验刚开始时，气体消耗量有一段快速增加的过程，这是 CH_4 气体快速溶解的过程。一段时间后，CH_4 气体溶解达到平衡，实时气体消耗量曲线几乎变得水平，气体消耗速率趋于零，这个阶段是 CH_4 水合物的成核诱导期。随后，成核诱导期结束，气体消耗量急剧增加，气体消耗速率突增，意味着 CH_4 水合物进入快速生长阶段，水合物开始大量生成。水合物生长一段时间之后，曲线变成几乎水平，气体消耗速率再次趋于零，表明 CH_4 水合物生长过程结束。CH_4 水合物的气体消耗速率总体呈“缓慢增加(气体溶解)—增长停滞(水合物成核)—急剧增加(水合物生长)—再次停滞(生长结束)”的规律。但亮氨酸和色氨酸体系中 CH_4 水合物快速生长阶段的气体消耗速率高于纯水体系，说明亮氨酸和色氨酸加快了 CH_4 水合物的生长速率，极大地促进了水合物的生成，是 CH_4 水合物的动力学促进剂。

0.3wt%色氨酸体系中 CH_4 水合物的气体消耗速率变化规律与其他两个体系相比有些许不同。如图 6-6(b)(d)(e)所示，色氨酸体系的初始气体消耗速率高于纯水和 0.3wt%亮氨酸体系，色氨酸体系中气体溶解阶段的 CH_4 气体溶解速率高于其他体系，说明色氨酸的存在有利于 CH_4 气体的溶解。此外，与其他体系相比，色氨酸体系中 CH_4 水合物快速生长阶段的气体消耗速率有一个很大的不同。如图 6-6(e)所示，在 210.2 min 时，CH_4 水合物的气体消耗速率显著增大，水合物进入快速生长期，在 276.5 min 时，气体消耗速率相对减慢，但仍快于气体溶解和诱导成核阶段，在 287 min 时，气体消耗速率再次增加，说明 0.3wt%色氨酸体系中 CH_4 水合物出现了两次快速生长过程。这种现象也见于其他条件下的色氨酸体系，如图 6-6(c)(d)所示。

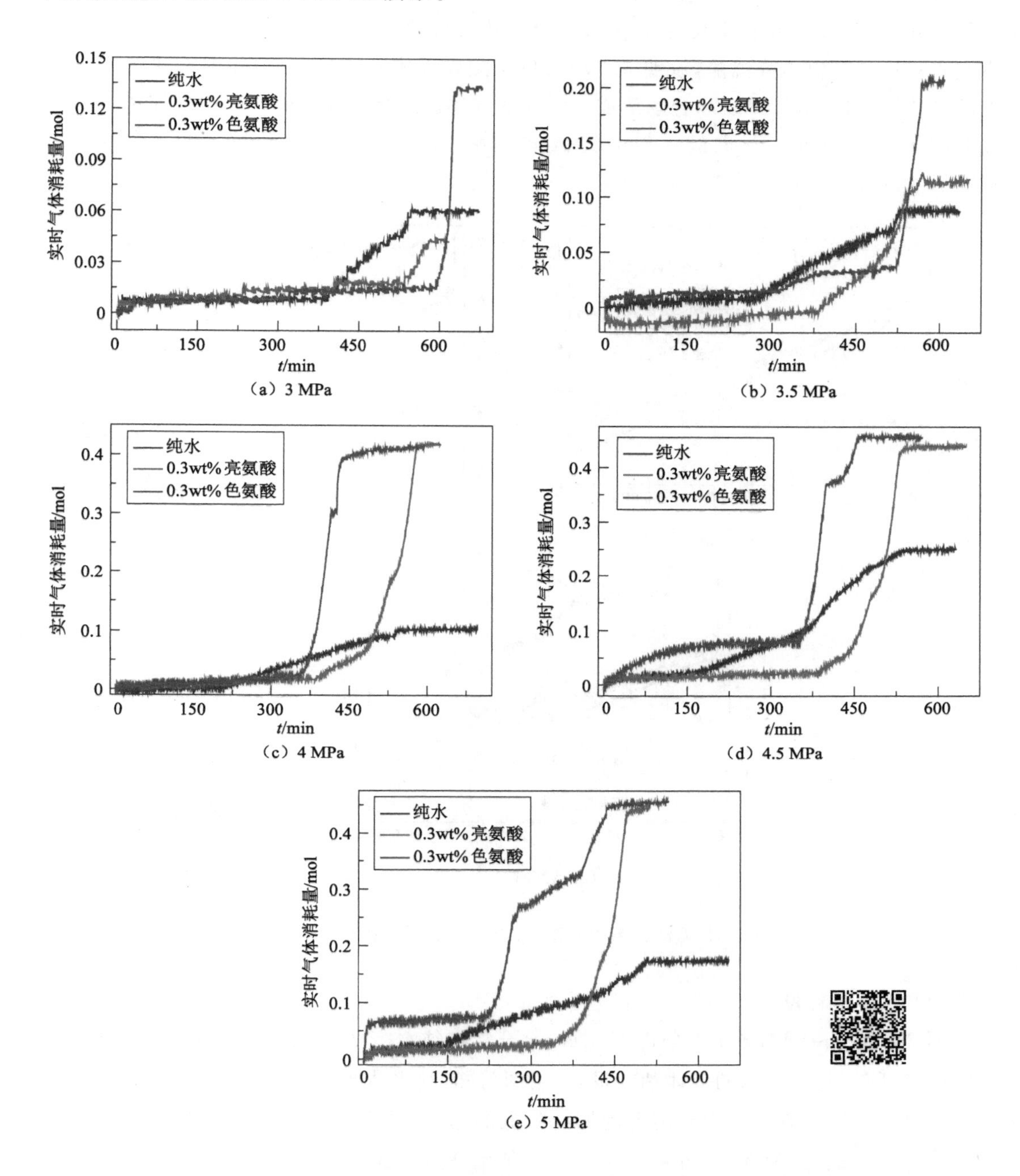

图 6-6　纯水、亮氨酸和色氨酸体系中 CH_4 水合物的实时气体消耗量

由图 6-6 可见，亮氨酸和色氨酸主要增大了 CH_4 水合物在快速生长阶段的气体消耗速率，加快了水合物的生长速度，亮氨酸和色氨酸对 CH_4 水合物的动力学促进效果主要作用于 CH_4 水合物的快速生长阶段。

此外，在研究过程中还发现一个有趣的现象可以反映 CH_4 水合物的生长速度。图 6-7

为部分压力条件下，0.3wt%色氨酸体系中 CH_4 水合物生长过程中的压力、温度变化曲线。由图可知，CH_4 水合物在生长过程中，反应釜压力突然急剧降低，降低值超过 0.75 MPa，而本实验采用的是恒压降温法，说明 0.3wt%色氨酸体系中 CH_4 水合物的生长速度极快，补充的气体不足以弥补 CH_4 水合物形成所消耗的气体。这种现象常见于色氨酸体系，少见于亮氨酸体系（仅在 5 MPa 时的 0.7wt%亮氨酸体系中出现），说明色氨酸对 CH_4 水合物的生成有极大的促进作用。

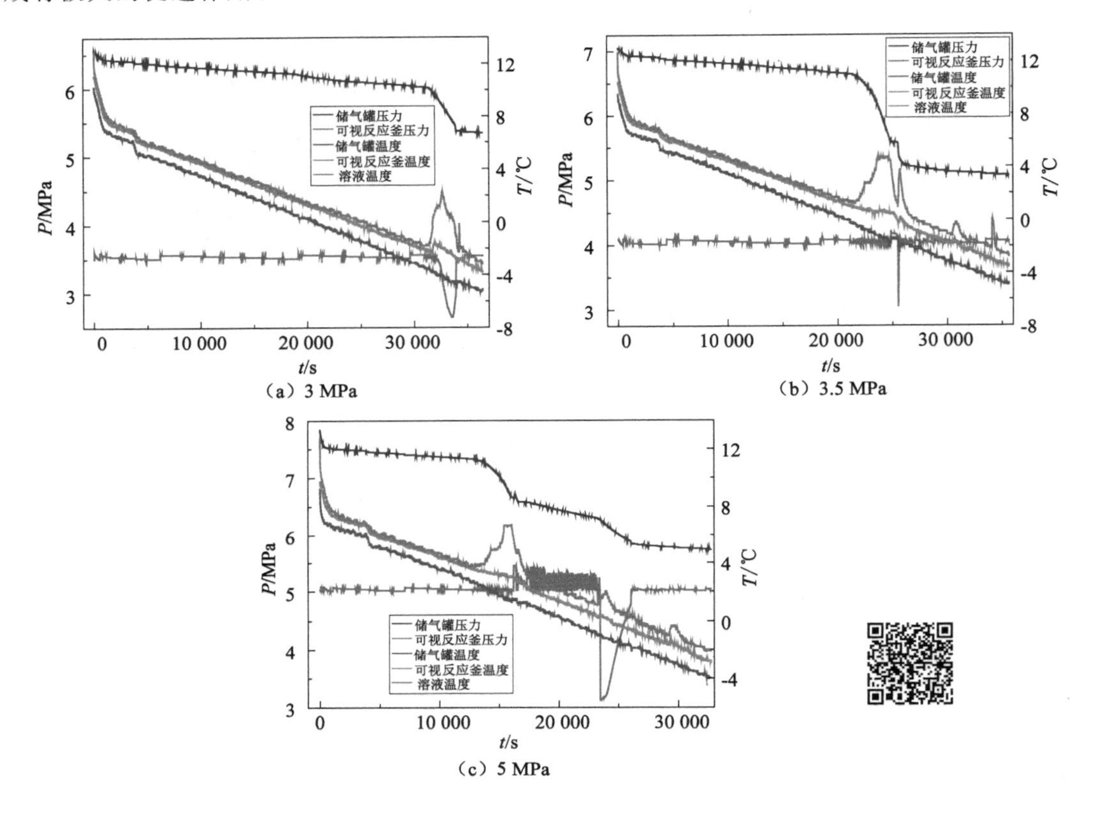

图 6-7　0.3wt%色氨酸体系中 CH_4 水合物生成过程中的压力、温度变化曲线

（4）气体消耗量

图 6-8 为 3～5 MPa 压力条件下，CH_4 水合物在纯水、不同浓度亮氨酸和色氨酸体系中的气体消耗量（每摩尔水的气体消耗量）。由图可知，纯水体系中 CH_4 水合物的气体消耗量同生长时间一样呈现随压力升高先增加后降低的趋势，其中当压力为 4 MPa 时，纯水体系的气体消耗量最大，为 0.09 mol/mol，说明气体消耗量可能与 CH_4 水合物的生长时间存在直接相关关系。

图 6-8(a)为 3～5 MPa 压力条件下，CH_4 水合物在不同浓度亮氨酸体系中的气体消耗量。由图可知，亮氨酸体系中 CH_4 水合物的气体消耗量呈现随压力增大而增大的趋势，只有 0.5wt%亮氨酸体系的气体消耗量同纯水体系一样先增加后减少。这与亮氨酸体系中 CH_4 水合物生长时间的变化趋势是一致的，再次印证了气体消耗量与水合物生长时间有直

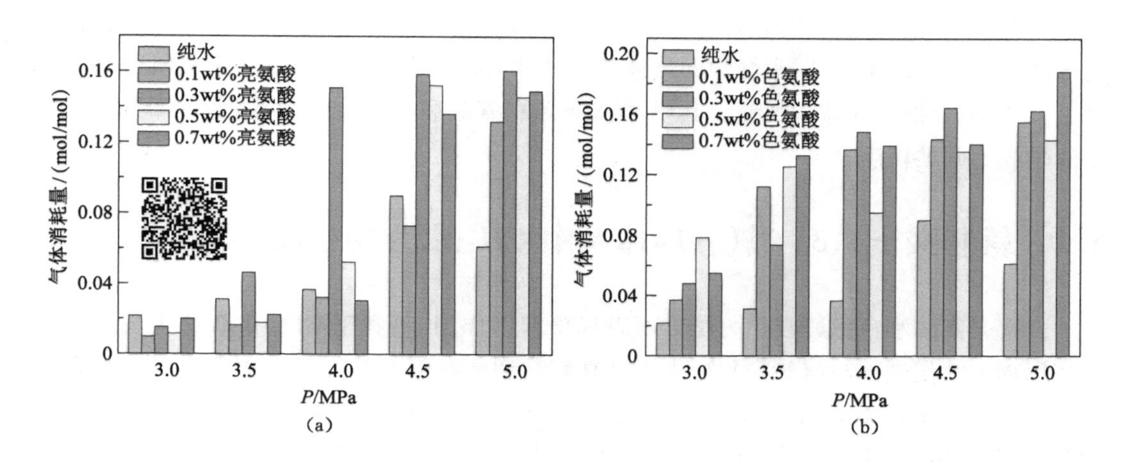

图 6-8 纯水、不同浓度氨基酸体系中 CH_4 水合物的气体消耗量

接相关关系。在 0.1wt%亮氨酸体系中，只有当实验压力为 5 MPa 时，CH_4 水合物的气体消耗量才高于纯水体系。当浓度增加到 0.3wt%时，除 3 MPa 条件下，其他压力条件下的气体消耗量相比纯水体系均有所增加，增幅范围在 49%～311%。其中，当实验压力为 5 MPa时，0.3wt%亮氨酸体系的气体消耗量是所有体系中最大的，可达 0.160 6 mol/mol，同条件下纯水体系的气体消耗量仅为 0.061 3 mol/mol。当亮氨酸浓度增加至 0.5wt%时，4～5 MPa 压力下的气体消耗量均高于纯水体系，气体消耗量增幅范围为 42%～138%。其中，5 MPa 时的气体消耗量略低于 4.5 MPa，这可能是受 CH_4 水合物生长时间缩短的影响。当亮氨酸浓度提高到 0.7wt%，只有当压力达到 4.5 MPa 时，气体消耗量才高于纯水体系。

图 6-8(b)为 3～5 MPa 压力条件下，CH_4 水合物在不同浓度色氨酸体系中的气体消耗量。由图可知，大部分色氨酸体系中 CH_4 水合物的气体消耗量呈随实验压力增大而增大的趋势。当色氨酸浓度为 0.1wt%时，所有压力条件下 CH_4 水合物的气体消耗量相比纯水体系均有所增加，增幅范围为 60%～259%。当浓度增加到 0.3wt%时，其气体消耗量相比 0.1wt%色氨酸体系有所增加，是纯水体系的 1.8～4 倍。其中，5 MPa 时的气体消耗量略有降低，比 4.5 MPa 压力下的气体消耗量低了 0.002 mol/mol。当浓度为 0.5wt%时，CH_4 气体消耗量变化趋势和其他体系相比有所不同，气体消耗量先增加后减少再增加，与生长时间的变化趋势是一致的。其中当压力为 4 MPa 时，相比 3.5 MPa 的气体消耗量有所回落，降低了 0.040 1 mol/mol。这可能是因为相比 3.5 MPa，此条件下的 CH_4 水合物的生长时间较短，从而降低了 CH_4 气体消耗量[135]。当亮氨酸浓度提高到 0.7wt%时，相比纯水体系，CH_4 水合物的气体消耗量的增幅范围在 56%～325%。其中当压力为 5 MPa 时，气体消耗量是所有体系中最大的，为 0.188 1 mol/mol，是同条件下纯水体系中 CH_4 水合物的气体消耗量的 3 倍。

本节主要分析了纯水、不同浓度亮氨酸和色氨酸体系中 CH_4 水合物生长过程中的热力学和动力学规律。通过测量纯水、不同浓度亮氨酸和色氨酸体系中 CH_4 水合物的相平衡数据可以发现，CH_4 水合物的相平衡条件随压力增大而变得缓和，但亮氨酸和色氨酸的加入

降低了 CH_4 水合物的相平衡温度，在热力学上表现出抑制效果。在动力学方面，亮氨酸和色氨酸的加入提高了 CH_4 水合物的气体消耗速率，加快了水合物的生成速度，且极大地增大了 CH_4 水合物的气体消耗量。其中，0.3wt%亮氨酸和 0.3wt%色氨酸体系的动力学促进效果优于其他浓度。

6.2 氨基酸+1,3 二氧五环体系中 CH_4 水合物生成实验

由于亮氨酸和色氨酸在热力学方面表现出抑制作用，不利于 CH_4 水合物生成，因此考虑使用热力学促进剂与氨基酸复配来弥补亮氨酸和色氨酸在热力学促进方面的不足，实现热力学和动力学的双重促进作用。四氢呋喃(THF)具有良好的热力学促进效果。但是 THF 具有致癌性、高挥发性和腐蚀性，本书选择了与 THF 具有相似环状结构的 1,3-二氧五环和 1,4-二氧六环。图 6-9 为 THF、1,3-二氧五环和 1,4-二氧六环的分子结构图。

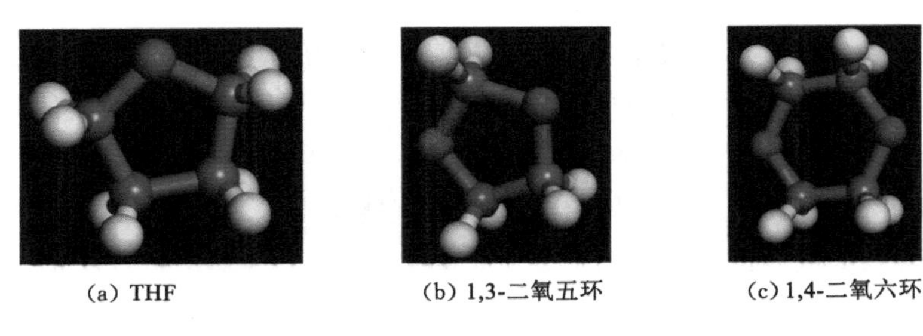

图 6-9 THF、1,3-二氧五环和 1,4-二氧六环的分子结构图

图 6-10 显示了不同体系(纯水[213]、5mol% THF、4.99mol% 1,3-二氧五环[99] 和 5.007mol% 1,4-二氧六环[214])中 CH_4 水合物的相平衡曲线。由图可知，THF、1,3-二氧五环和 1,4-二氧六环都使 CH_4 水合物的相平衡曲线右移，具有良好的热力学促进效果。其中，THF 的热力学促进效果最好，其次是 1,3-二氧五环，1,4-二氧六环的效果最差。此外，

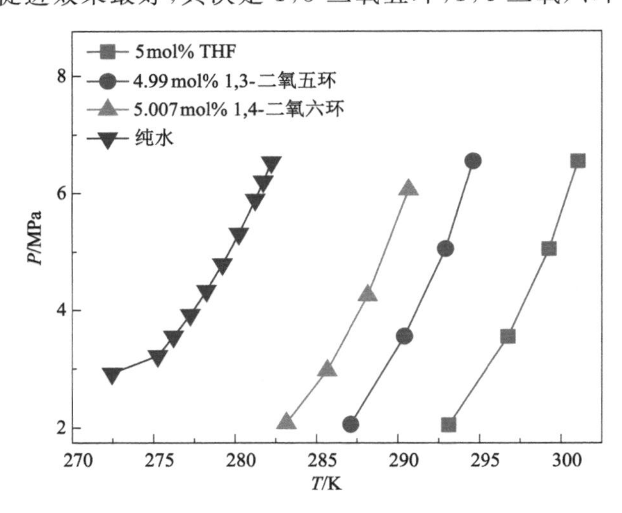

图 6-10 不同体系中 CH_4 水合物的相平衡数据[99,213-214]

考虑 1,3-二氧五环的毒性和挥发性小于 THF，且为非致癌物，因此选用 1,3-二氧五环作为热力学促进剂来弥补亮氨酸和色氨酸在热力学促进方面表现的不足[99,215]。

图 6-11 对比了纯水、5mol% 1,3-二氧五环体系中 CH_4 水合物的相平衡数据。由图可知，1,3-二氧五环的加入使 CH_4 水合物的相平衡曲线右移。相同压力条件下，1,3-二氧五环可以显著提高 CH_4 水合物的相平衡温度，增幅范围为 5.6～8.4 K，说明 1,3-二氧五环对 CH_4 水合物生成具有显著的热力学促进效果，水合物可以在更高温度条件下生成。

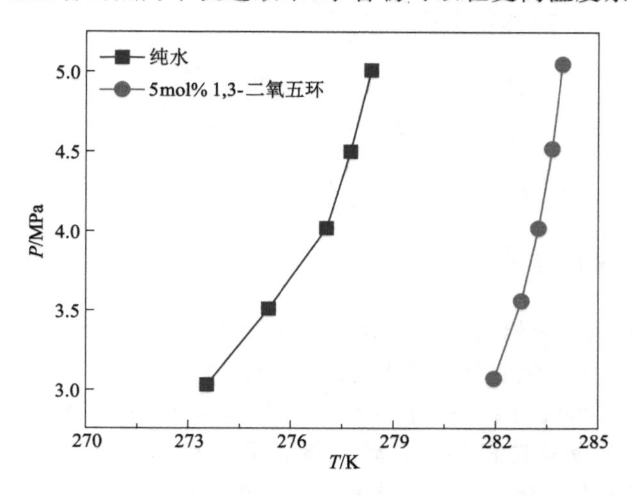

图 6-11　纯水和 5mol% 1,3-二氧五环体系中 CH_4 水合物的相平衡数据

6.2.1　氨基酸+1,3-二氧五环体系中 CH_4 水合物生成热力学研究

首先测定了 3～5 MPa 压力条件下，0.3wt%亮氨酸+1mol%/2mol%/3mol%/5mol% 1,3-二氧五环复配体系中 CH_4 水合物的相平衡数据，如表 6-3 和图 6-12 所示。

表 6-3　亮氨酸+1,3-二氧五环体系中 CH_4 水合物的相平衡数据(3～5 MPa)

序号	体　系	P/MPa	T/K
1	0.3wt%亮氨酸+1mol% 1,3-二氧五环	3.08	278.65
2		4.04	279.65
3		5.02	281.05
4	0.3wt%亮氨酸+2mol% 1,3-二氧五环	3.03	278.55
5		4.01	282.75
6		5.08	280.25
7	0.3wt%亮氨酸+3mol% 1,3-二氧五环	3.06	279.85
8		4.02	280.65
9		5.03	279.85
10	0.3wt%亮氨酸+5mol% 1,3-二氧五环	3.01	282.55
11		4.02	283.25
12		5.06	283.05

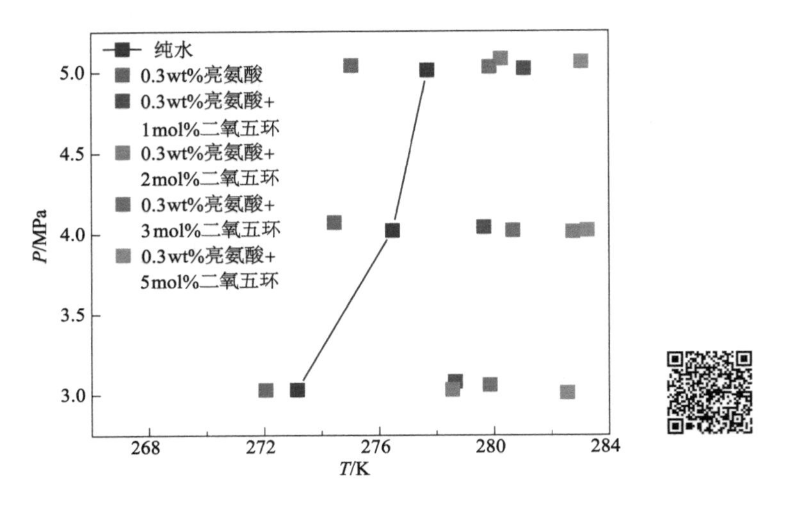

图 6-12　纯水、亮氨酸、亮氨酸+1,3-二氧五环体系中 CH_4 水合物的相平衡数据(3～5 MPa)

由图 6-12 可知，当压力相同时，向亮氨酸体系中添加 1,3-二氧五环可以使 CH_4 水合物的相平衡曲线右移，1,3-二氧五环的加入提高了 CH_4 水合物的相平衡温度，使 CH_4 水合物在更温和的条件下生成，说明 1,3-二氧五环对 CH_4 水合物的生成具有热力学促进效果。此外，CH_4 水合物的相平衡条件和 1,3-二氧五环浓度有关，浓度越高，热力学促进效果越好。亮氨酸+1,3-二氧五环复配体系与纯水体系的相平衡温度相差较大，差值范围为 1.5～9 K。当压力为 3 MPa 时，0.3wt%亮氨酸+5mol% 1,3-二氧五环复配体系与相同压力条件下纯水体系的相平衡温度相差最大，可达到 9 K。

表 6-4 所示为 3～5 MPa 压力条件下，0.3wt%色氨酸+1mol%/2mol%/3mol%/5mol% 1,3-二氧五环复配体系中 CH_4 水合物的相平衡数据。

表 6-4　色氨酸+1,3-二氧五环体系中 CH_4 水合物相平衡数据(3～5 MPa)

序号	体　　系	P/MPa	T/K
1	0.3wt%色氨酸+1mol% 1,3-二氧五环	3.06	278.55
2		4.07	279.25
3		5.02	280.55
4	0.3wt%色氨酸+2mol% 1,3-二氧五环	3.01	278.55
5		4.03	283.35
6		5.02	282.85
7	0.3wt%色氨酸+3mol% 1,3-二氧五环	3.09	284.75
8		4.07	284.75
9		5.01	282.25
10	0.3wt%色氨酸+5mol% 1,3-二氧五环	3.10	281.25
11		4.03	282.55
12		5.04	282.15

图 6-13 所示为纯水体系和 0.3wt%色氨酸+1mol%/2mol%/3mol%/5mol% 1,3-二氧五环复配体系中 CH_4 水合物生成的相平衡数据。由图可知,色氨酸+1,3-二氧五环复配体系中 CH_4 水合物的相平衡温度高于同等条件下纯水和色氨酸体系中的相平衡温度,说明 1,3-二氧五环的加入提高了 CH_4 水合物的相平衡温度,使 CH_4 水合物在更温和的条件下生成,1,3-二氧五环对 CH_4 水合物的生成具有良好的热力学促进作用。观察还可以发现,色氨酸+1,3-二氧五环复配体系与纯水体系的相平衡温度相差较大,相比亮氨酸+1,3-二氧五环复配体系,这种差距进一步增大。当压力为 3 MPa 时,0.3wt%色氨酸+3mol% 1,3-二氧五环复配体系与相同压力条件下纯水体系的相平衡温度相差最大,为 11.2 K,比同等条件下亮氨酸+1,3-二氧五环复配体系的相平衡温度高了 4.9 K。此外还可以发现,CH_4 水合物的相平衡条件和 1,3-二氧五环浓度有关,当浓度为 3mol%时,热力学促进效果最好,其次是 2mol%,1mol%体系促进效果最差。也就是说,体系中 1,3-二氧五环浓度越高越有利于 CH_4 水合物形成。

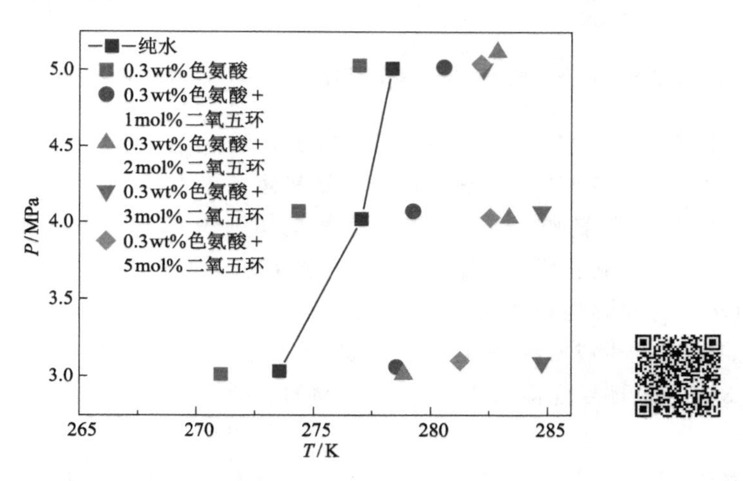

图 6-13 纯水、色氨酸、色氨酸+1,3-二氧五环体系中 CH_4 水合物的相平衡数据(3～5 MPa)

6.2.2 氨基酸+1,3-二氧五环体系中 CH_4 水合物生成动力学研究

(1) 诱导时间

图 6-14 对比了 3～5 MPa 压力条件下,纯水、0.3wt%亮氨酸、0.3wt%亮氨酸+1mol%/2mol%/3mol%/5mol% 1,3-二氧五环复配体系中 CH_4 水合物的诱导时间。由图可知,亮氨酸+1,3-二氧五环复配体系中 CH_4 水合物的诱导时间随压力升高而缩短。这是因为水合物成核驱动力的增大加快了 CH_4 水合物的诱导成核过程。相比亮氨酸体系,1,3-二氧五环的加入缩短了 CH_4 水合物形成的诱导时间。1,3-二氧五环浓度对 CH_4 水合物的诱导时间影响较大,当 1,3-二氧五环浓度为 5mol%时,诱导时间最短,几乎在实验一开始就开始生成 CH_4 水合物。例如,当压力为 5 MPa 时,0.3wt%亮氨酸+5mol% 1,3-二氧五环复配体系中 CH_4 水合物的诱导时间仅为 3.3 min。当 1,3-二氧五环浓度为 1mol%时,CH_4 水合物的诱导时间最长,但也小于纯水和亮氨酸体系。

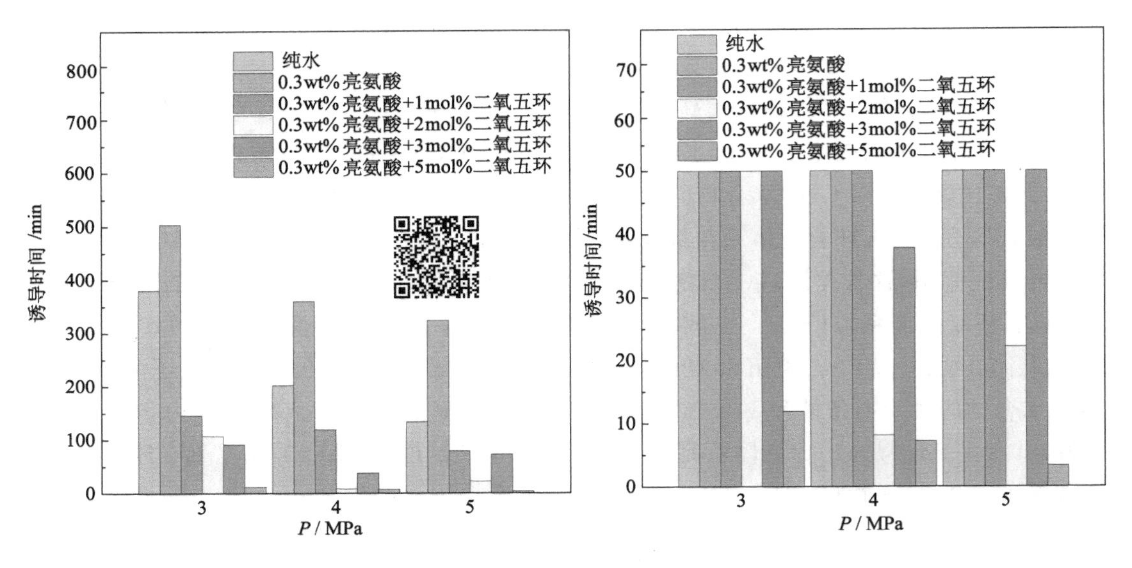

图 6-14 纯水、亮氨酸和亮氨酸+1,3-二氧五环体系中 CH_4 水合物的诱导时间(3～5 MPa)

图 6-15 对比了 3～5 MPa 压力条件下，纯水、0.3wt%色氨酸、0.3wt%色氨酸+1mol%/2mol%/3mol%/5mol% 1,3-二氧五环复配体系中 CH_4 水合物生成的诱导时间。由图可知，随压力升高，色氨酸+1,3-二氧五环复配体系中 CH_4 水合物的诱导时间缩短。相比色氨酸体系，1,3-二氧五环加入缩短了 CH_4 水合物的诱导时间。1,3-二氧五环浓度对 CH_4 水合物的诱导时间影响较大，其中当 1,3-二氧五环浓度为 3mol%时，诱导时间最短，几乎在实验初期就开始生成 CH_4 水合物。例如，当压力为 3 MPa 和 4 MPa 时，0.3wt%色氨酸+3mol% 1,3-二氧五环复配体系中 CH_4 水合物的诱导时间分别为 0.2 min 和 0.5 min。

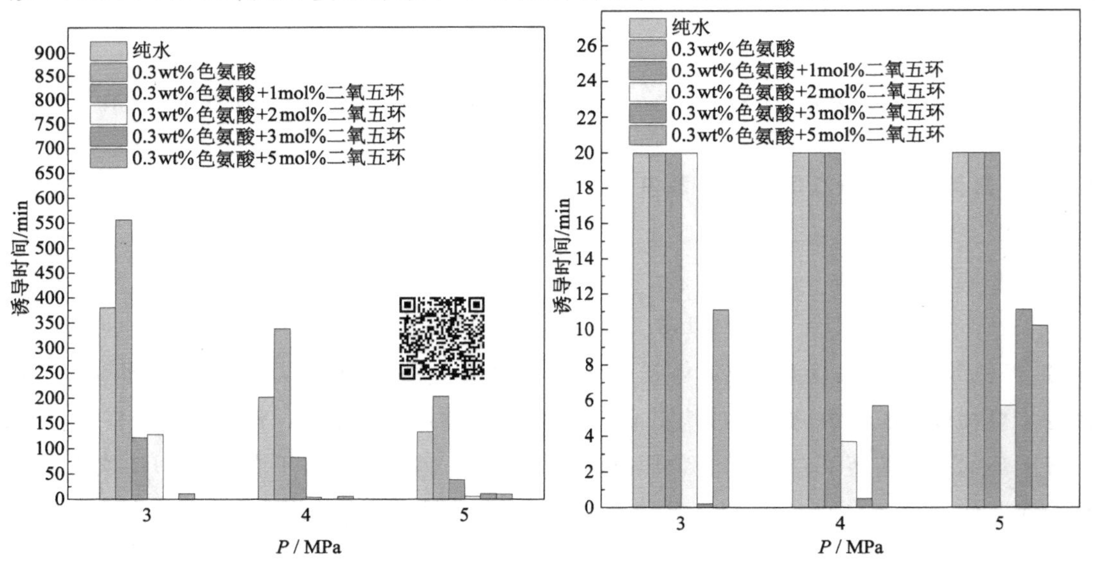

图 6-15 纯水、色氨酸和色氨酸+1,3-二氧五环体系中 CH_4 水合物的诱导时间(3～5 MPa)

当1,3-二氧五环浓度为1mol%时，CH_4 水合物的诱导时间最长，但也小于纯水和色氨酸体系。

（2）气体消耗速率

气体消耗速率用气体消耗量的变化率（即曲线斜率）表示。图6-16为3～5 MPa压力条件下，纯水、0.3wt%亮氨酸和0.3wt%亮氨酸+1mol%/2mol%/3mol%/5mol% 1,3-二氧五环复配体系中 CH_4 水合物的实时气体消耗量。图6-17为3～5 MPa压力条件下，纯水、0.3wt%色氨酸、0.3wt%色氨酸+1mol%/2mol%/3mol%/5mol% 1,3-二氧五环复配体系中 CH_4 水合物的实时气体消耗量。由图可知，大部分体系的气体消耗速率遵循“缓慢增加（气体溶解）—增长停滞（水合物成核）—急剧增加（水合物生长）—再次停滞（生长结束）”的规律。其中，0.3wt%亮氨酸+5mol% 1,3-二氧五环体系没有明显的气体溶解阶段，这源于1,3-二氧五环显著的热力学促进作用。除此之外，还发现氨基酸体系和氨基酸+

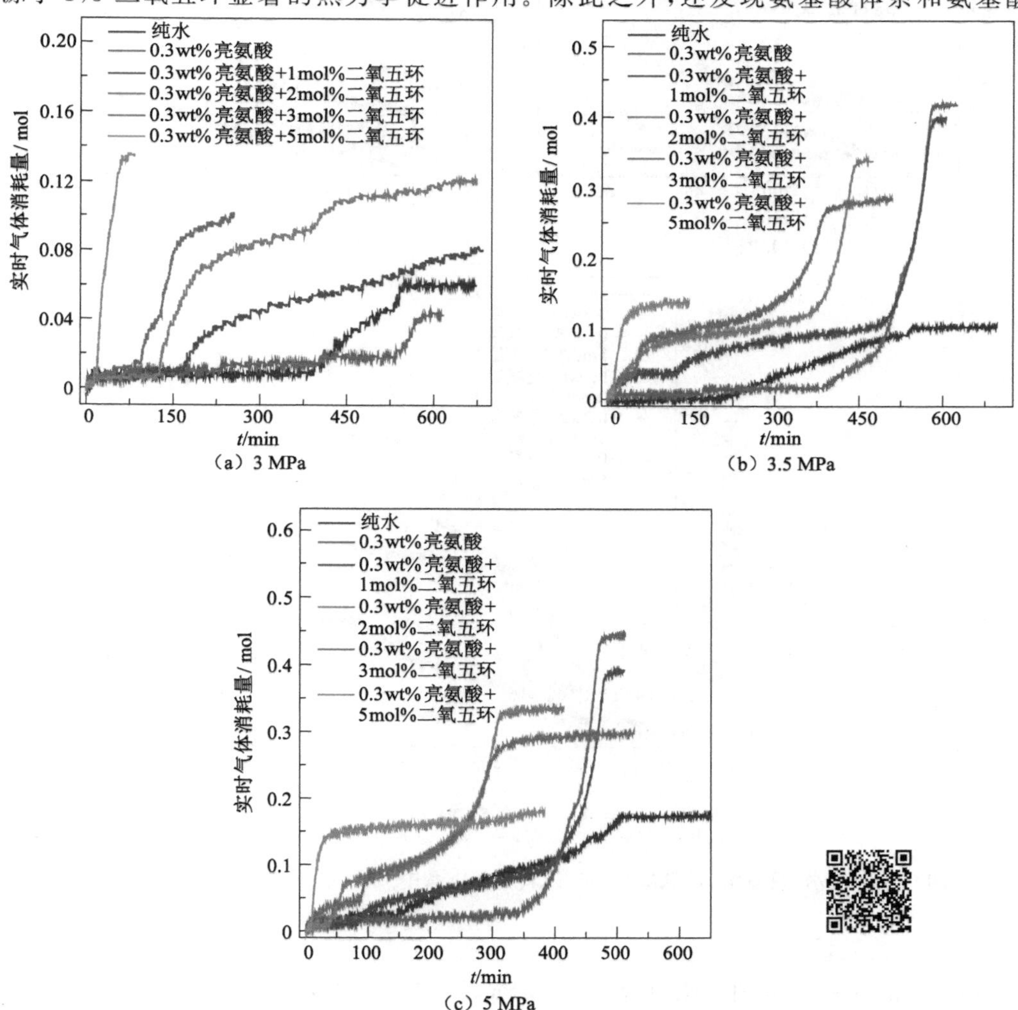

图6-16　纯水、亮氨酸、亮氨酸+1,3-二氧五环体系中 CH_4 水合物的实时气体消耗量

1,3-二氧五环复配体系中 CH_4 水合物快速生长阶段的气体消耗速率相对一致。这是因为复配体系中 CH_4 水合物的气体消耗速率主要受氨基酸的动力学促进作用影响。另外,氨基酸+1,3-二氧五环复配体系中 CH_4 水合物的气体消耗速率急剧增加(水合物大量生成)开始的时间随1,3-二氧五环浓度增大而提前。这依然得益于高浓度的1,3-二氧五环存在下 CH_4 水合物生成的诱导时间缩短,因此 CH_4 水合物大量生长开始的时间提前。

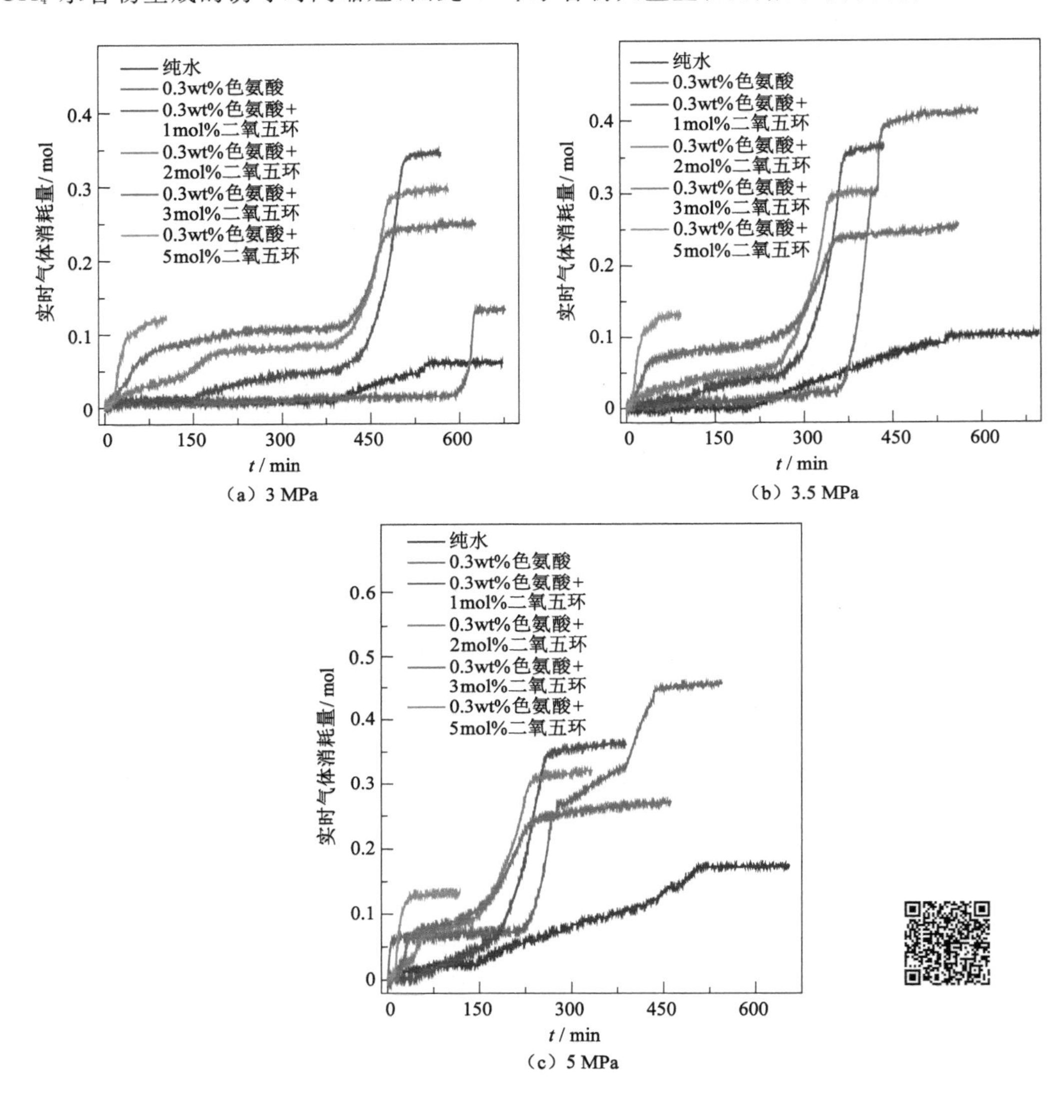

图 6-17 纯水、色氨酸、色氨酸+1,3-二氧五环体系中 CH_4 水合物的实时气体消耗量

(3) 气体消耗量

图 6-18 和图 6-19 分别为压力为 3～5 MPa 时,纯水、0.3wt%亮氨酸和 0.3wt%亮氨酸+1mol%/2mol%/3mol%/5mol% 1,3-二氧五环复配体系中 CH_4 水合物的气体消耗量,以及纯水、0.3wt%色氨酸和 0.3wt%亮氨酸+1mol%/2mol%/3mol%/5mol% 1,3-二氧五环复配体系中 CH_4 水合物的气体消耗量。由图 6-18 可知,除 3 MPa 外,相比亮氨酸体系,

1,3-二氧五环的加入降低了 CH_4 水合物的气体消耗量，但仍高于纯水体系。此外，亮氨酸＋1,3-二氧五环复配体系中 CH_4 水合物的气体消耗量呈现随压力增大而增大的趋势，亮氨酸＋1,3-二氧五环复配体系的气体消耗量随 1,3-二氧五环浓度增加而减少。

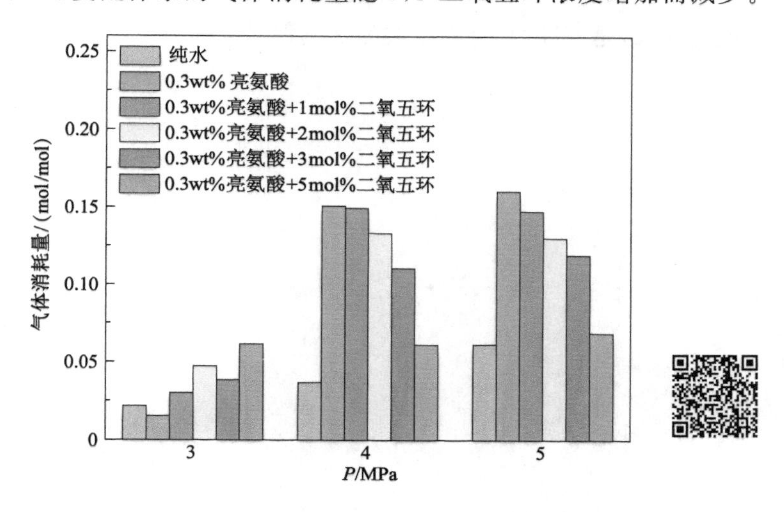

图 6-18　纯水、亮氨酸、亮氨酸＋1,3-二氧五环体系中 CH_4 水合物的气体消耗量(3～5 MPa)

图 6-19 显示，相比纯水体系，色氨酸体系中的 CH_4 气体消耗量显著增加；加入 1,3-二氧五环，大部分复配体系的 CH_4 气体消耗量相比色氨酸体系有所降低，但也远高于纯水体系。与亮氨酸类似，色氨酸＋1,3-二氧五环复配体系的 CH_4 气体消耗量随 1,3-二氧五环的浓度增加而减少。这是因为 1,3-二氧五环是 CH_4 水合物的热力学促进剂，当浓度较大时，快速生成的 CH_4 水合物增加了气-液界面的传质阻力，阻碍了 CH_4 气体进一步与溶液接触形成水合物[135]。

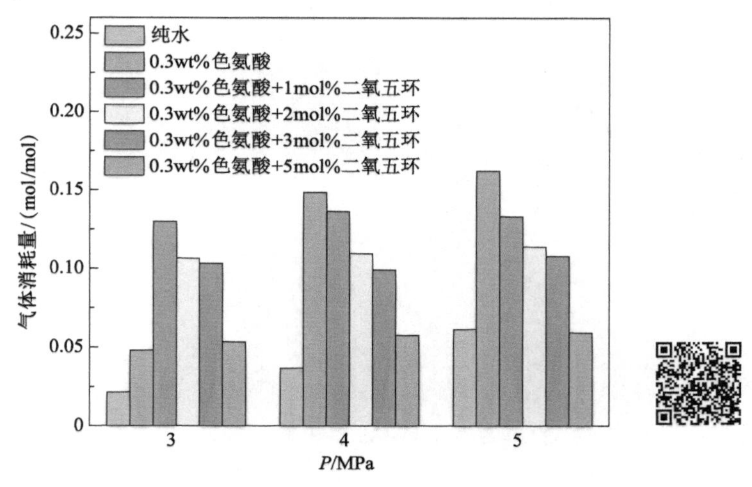

图 6-19　纯水、色氨酸、色氨酸＋1,3-二氧五环体系中 CH_4 水合物的气体消耗量(3～5 MPa)

总体来看,1,3-二氧五环的加入提高了 CH_4 水合物的相平衡温度,相平衡条件随实验压力增大而变得缓和。综合相平衡条件、诱导时间和耗气量,认为 0.3wt%亮氨酸+1mol% 1,3-二氧五环、0.3wt%色氨酸+1mol% 1,3-二氧五环体系对 CH_4 水合物的热力学和动力学方面具有双重促进效果,是 CH_4 水合物生成的优选促进剂体系。

7 喷雾法生成 CO_2 水合物过程的热动力学特性研究

第 3 章至第 6 章的气体水合物形成实验均是采用磁力搅拌反应釜进行的。相比搅拌法，喷雾法能增加水合剂与反应溶液的接触面积，强化气体水合物的生成，且小液滴在下落过程中会与周围的气体形成气体水合物。喷雾法能够强化气-液扰动，缩短 CO_2 水合物的诱导时间，但也有报道认为喷雾法中 CO_2 水合物生长速率和储气量与搅拌法相当[216]，可有针对性地寻找提升生长速率和储气量的方法。本章采用喷雾法研究部分水溶性 ILs 对 CO_2 水合物形成的影响。另外，对喷雾施加电场，考察荷电喷雾对 CO_2 水合物形成热动力学特性的影响。

7.1 ILs-水喷雾合成 CO_2 水合物的热动力学特性

[N_{2222}][NTf_2]、[N_{2222}][PF_6]、[P_{2444}][PF_6]和[P_{6444}][PF_6]为固态 ILs，而[N_{2222}]Br 虽然可溶于水，但在低温环境下其溶解度远小于[N_{4444}]Br 和[P_{4444}]Br。为了防止固态 ILs 阻塞荷电喷雾釜的高压锥形喷头，损坏实验装置，本章选取了高溶解度的[N_{4444}]Br 和[P_{4444}]Br 作为添加剂，并探究其水溶液喷雾下 CO_2 水合物的生成规律。实验初始温度为 285.15 K，喷雾釜中添加的[N_{4444}]Br 或[P_{4444}]Br 的浓度为 0.25wt%、1wt%、2wt%、3wt%和 5wt%。

7.1.1 相平衡温度

如图 7-1 所示为 2.5 MPa 下，[N_{4444}]Br 和[P_{4444}]Br 在浓度分别为 0wt%、0.25wt%、1wt%、2wt%、3wt%、5wt%时 CO_2 水合物的相平衡温度分布图。

从图中可知 ILs 浓度对 CO_2 水合物的相平衡温度有显著影响。随 ILs 浓度升高 CO_2 水合物的相平衡温度升高，这说明[N_{4444}]Br 和[P_{4444}]Br 可使 CO_2 水合物的相平衡温度向更高的温度方向移动。但当浓度高于 3wt%时，ILs 表现出热力学促进作用。另外，[P_{4444}]Br 体系中 CO_2 水合物相平衡温度均大于相同浓度[N_{4444}]Br 体系，这说明[P_{4444}]Br 对 CO_2 水合物有更好的热力学促进效果。

7.1.2 诱导时间和快速生长时间

图 7-2 所示为 2.5 MPa 下，喷雾实验方法下不同浓度[N_{4444}]Br 和[P_{4444}]Br 中 CO_2 水合物的诱导时间和快速生长时间。图 7-2(a)显示 0.25wt%、1wt%、2wt%、3wt%、5wt%

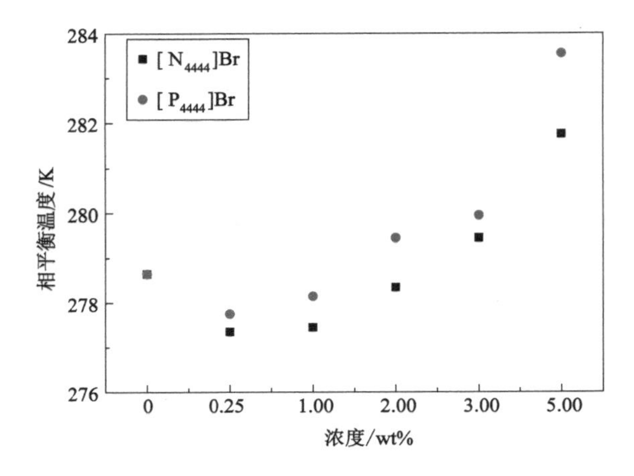

图 7-1 [N_{4444}]Br 和[P_{4444}]Br 存在时喷雾合成 CO_2 水合物的相平衡温度分布(2.5 MPa)

[N_{4444}]Br 水溶液生成 CO_2 水合物的诱导时间分别为 546 min、501 min、440 min、322 min、183 min，随浓度增加诱导时间呈递减趋势。这说明添加[N_{4444}]Br 将缩短 CO_2 水合物的成核诱导时间，且浓度越大促进效果越明显。此外，浓度为 0.25wt%、1wt%、2wt%、3wt%、5wt%[N_{4444}]Br 存在时，CO_2 水合物的快速生长时间分别为 41 min、127 min、235 min、412 min、460 min，随浓度增加快速生长时间呈递增趋势。这说明提高[N_{4444}]Br 浓度将延长 CO_2 水合物的快速生长时间，且浓度越高快速生长时间越长。

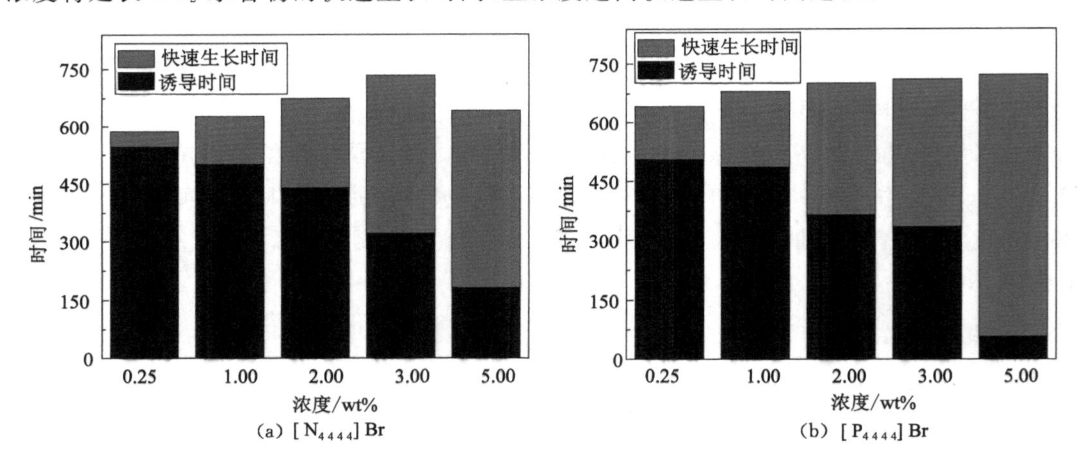

图 7-2 [N_{4444}]Br 和[P_{4444}]Br 体系的诱导时间和快速生长时间分布(2.5 MPa)

如图 7-2(b)所示，在 2.5 MPa 压力下，0.25wt%、1wt%、2wt%、3wt%、5wt%[P_{4444}]Br 存在时，诱导时间分别为 505 min、486 min、365 min、335 min、58 min，快速生长时间分别为 138 min、195 min、337 min、376 min、664 min。而且浓度从 0.25wt%增加到 5wt%时，诱导时间呈依次降低趋势，这表明添加[P_{4444}]Br 将缩短 CO_2 水合物的成核诱导时间，有利于 CO_2 水合物的成核过程。随浓度增加快速生长时间逐渐延长，这与诱导时间随[P_{4444}]Br 浓度的变化趋势完全相反。这表明添加[P_{4444}]Br 将延长 CO_2 水合物的快速生长时间，且不同浓度时的延长效果强弱顺序为 0.25wt%＜1wt%＜2wt%＜3wt%＜5wt%，5wt% [P_{4444}]Br 体系 CO_2 水合物的快速生长时间最长。

因此，上述实验结果表明在喷雾合成实验中，[N_{4444}]Br 和[P_{4444}]Br 对 CO_2 水合物的作用结果一致，且同浓度的[N_{4444}]Br 比[P_{4444}]Br 体系中相平衡温度更低、诱导时间更长、快速生长时间更短。添加[N_{4444}]Br 和[P_{4444}]Br 均能缩短诱导时间，延长快速生长时间，且 ILs 浓度越高，诱导时间越短，快速生长时间越长。这说明[N_{4444}]Br 和[P_{4444}]Br 均有利于 CO_2 水合物诱导成核，不利于 CO_2 水合物快速生长，两者均可作为热力学促进剂，且[P_{4444}]Br 的促进效果优于[N_{4444}]Br。有研究认为，季膦 ILs 比同类季铵 ILs 的空间位阻更小、阴阳离子间的电荷转移和相互作用能更高[176]，这可能导致[P_{4444}]Br 存在时更容易形成半笼形水合物，空间结构更稳定，热力学促进效果更好。

7.1.3 气体消耗量和转化率

表 7-1 为 2.5 MPa 下，在喷雾体系中添加[N_{4444}]Br 和[P_{4444}]Br 生成 CO_2 水合物的气体消耗量和转化率的对比情况。

表 7-1 喷雾体系中添加 ILs 生成 CO_2 水合物气体消耗量和转化率(2.5 MPa)

ILs 类型	ILs 浓度/mol%	气体消耗量/mol	转化率/mol%
[N_{4444}]Br	0.25	4.256	78.69
	1	4.266	79.69
	2	4.231	80.30
	3	4.578	84.24
	5	4.892	89.65
[P_{4444}]Br	0.25	3.928	74.37
	1	4.152	78.14
	2	4.239	80.43
	3	3.007	55.27
	5	3.434	63.20

图 7-3(a)为 2.5 MPa 下，添加不同浓度[N_{4444}]Br 体系生成 CO_2 水合物过程中气体消耗量动力学曲线。结合表 7-1 可知，当[N_{4444}]Br 浓度分别为 0.25wt%、1wt%、2wt%、3wt%、5wt%时的最终气体消耗量分别为 4.256 mol、4.266 mol、4.231 mol、4.578 mol、4.892 mol。在 0.25wt%～5wt%浓度范围内，随浓度增加 CO_2 气体消耗量增加，但整体来看各体系下气体消耗量差异不大。此外，转化率随浓度的排列顺序依次为 0.25wt%＜1wt%＜2wt%＜3wt%＜5wt%，这与同体系下的气体消耗量变化一致，随浓度增加转化率也提高，但是整体来看各体系下转化率差别并不明显。尽管如此，喷雾合成方法的转化率远远高于搅拌合成方法，这说明喷雾方法辅以 ILs 具有显著提高气体吸收性能的作用。

图 7-3(b)表明在 2.5 MPa 下，0.25wt%、1wt%、2wt%、3wt%、5wt%[P_{4444}]Br 体系中的气体消耗量分别为 3.928 mol、4.152 mol、4.239 mol、3.007 mol、3.434 mol，在

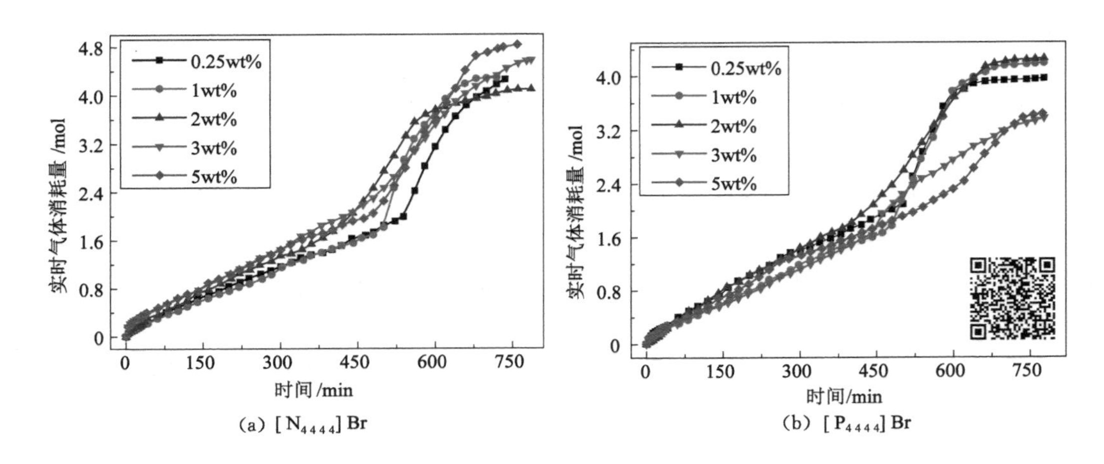

图 7-3　$[N_{4444}]$Br 和$[P_{4444}]$Br 体系中气体消耗量变化曲线(2.5 MPa)

0.25wt%～2wt%时气体消耗量随浓度升高而略微增加,但随浓度继续升高,气体消耗量反而下降。另外,转化率随浓度的排列顺序为 2wt%>1wt%>0.25wt%>5wt%>3wt%,这与图 7-3(a)有较大的差异,说明在相同 ILs 浓度时,$[N_{4444}]$Br 的气体吸收性能要优于$[P_{4444}]$Br。

7.1.4　气体消耗速率

如图 7-4 所示为 2.5 MPa 下$[N_{4444}]$Br 和$[P_{4444}]$Br 喷雾体系中气体消耗速率变化曲线。不同浓度$[N_{4444}]$Br 和$[P_{4444}]$Br 体系的气体消耗速率的变化趋势略有不同。另外,随着 ILs 浓度升高,体系的相平衡温度逐渐升高,当体系进入生长阶段后,喷雾釜的温度较高导致水合物形成的驱动力减小,反而不利于 CO_2 水合物的快速生成。因此,随着 ILs 浓度升高,当体系刚进入生长阶段时气体消耗速率提高并不明显;而当喷雾釜温度降低到一定程度后,气体消耗速率才会大幅增加。

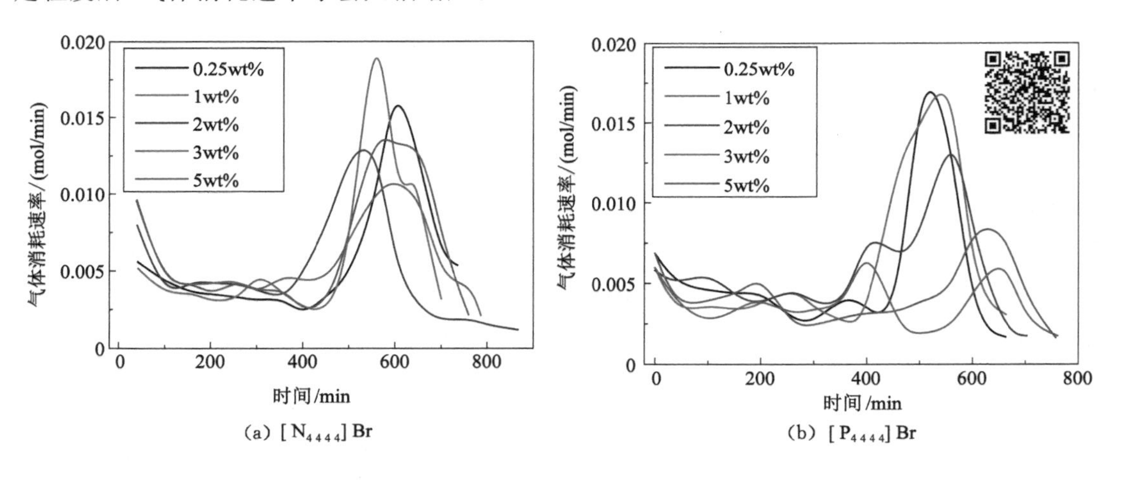

图 7-4　$[N_{4444}]$Br 和$[P_{4444}]$Br 体系中气体消耗速率变化曲线(2.5 MPa)

因此，随 ILs 浓度增加气体消耗速率的提高表现为两个阶段：第一个阶段为刚进入生长期时，由于此时诱导成核结束，体系内形成大量的 CO_2 水合物晶核，放出的热量导致此时水合物体系内温度较高，不利于水合物快速生长，气体消耗速率峰值较小；第二个阶段则是当喷雾釜温度在循环冷却水作用下再次降低到一定程度后，水合物形成的驱动力提高，CO_2 水合物开始大量生成，气体消耗速率急剧攀升并出现第二个强峰。图 7-4(b)中的气体消耗速率呈明显的两阶段消耗趋势，并且浓度越高两阶段消耗的趋势越明显。另外，随着 ILs 浓度升高，气体消耗速率峰逐渐变宽，且最高峰值有降低趋势。

7.2 荷电喷雾合成 CO_2 水合物过程

图 7-5 为 2.5 MPa 下 CO_2 水合物生成过程中荷电喷雾釜温度和气体消耗量随时间的变化情况。从图中可以观察到，在施加外电场下气体水合物反应过程主要经历了显著不同的三个阶段，即气体溶解阶段、成核诱导阶段和生长阶段。

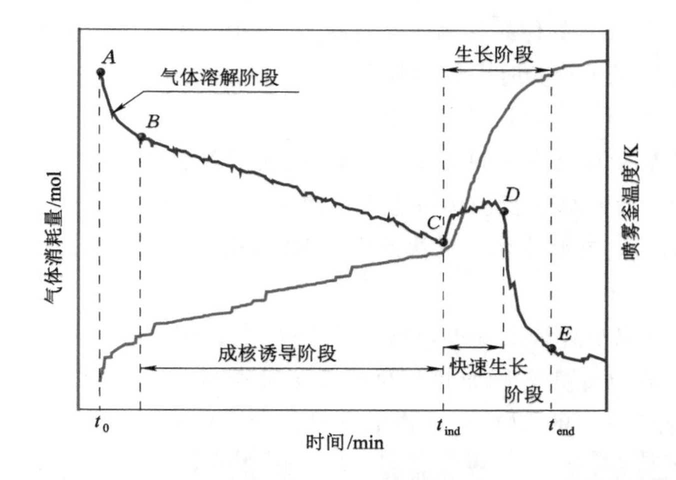

图 7-5 CO_2 水合物生成过程中气体消耗量和温度变化图(2.5 MPa)

在气体溶解阶段(*AB* 段)，喷雾釜与冷却液温差较大，传热推动力较大，在恒温浴槽的降温作用下喷雾釜温度下降较快；同时，由于喷雾法能大大增加气液相间的接触面积，加快 CO_2 气体消耗速率，因此该阶段气体消耗量呈快速增加趋势。在成核诱导阶段(*BC* 段)，荷电喷雾釜内的热量可及时与循环冷却液交换释放，其降温速率约等于恒温浴槽的降温速率，为 1 K/h；经过气体溶解阶段，溶液中的 CO_2 溶解度趋于饱和，因此相较溶解阶段，成核诱导阶段 CO_2 气体消耗速率显著减慢，单位时间内气体消耗量显著减少，总气体消耗量基本呈线性递增趋势。

由于在 *C* 点溶液中仅存有微量的水合物晶体，因此将其作为水合物晶体开始形成的时间点。而此刻喷雾釜内的温度和压力即该体系下 CO_2 水合物的相平衡温度和相平衡压力。诱导时间定义为从反应开始到超临界尺寸和稳定晶核首次出现的时间，即从 t_0 到 t_{ind}。在 CO_2 水合物快速生长阶段(即 *CD* 段)，喷雾釜温度在 *C* 点迅速攀升，这是因为 CO_2 水合物开始大量生成。由于水合物的生成过程是一个典型的放热反应，水合反应短时间内产生的大量热量不能及时与循环冷却液交换释放，因此体系的温度急剧升高。该阶段气体消耗量变化趋势表明，水合物开始大量生成导致 CO_2 气体消耗速率急剧增加，大量的 CO_2 气体被固存到水合物中，从而导致气体消耗量迅速攀升。在 D 点喷雾釜内液态水几乎被完全消耗，喷嘴不再喷水；同时，喷雾釜内温度升高导致水合物形成的过冷度减小，驱动力降低，因此气体消耗速率急剧减小，喷雾釜温度在恒温浴槽的冷却下开始急剧降低，气体消耗量呈缓慢上升趋势，说明快速生长阶段趋于结束。在 E 点温度呈缓慢下降趋势，气体消耗量不再增加且趋于稳定，表明 CO_2 水合物生成完成，水合物生长阶段（即 CE 段）结束。

7.3 荷电喷雾合成 CO_2 水合物的形态变化规律

在整个气体水合物反应过程中，需经历三个连续的阶段，即气体溶解、水合物成核和水合物生长阶段。由于各体系的水合物生长形态变化类似，这里以 2.5 MPa 下初始温度为 285.15 K、电压为 1.5 kV 的体系作为研究对象，对整个实验过程中喷雾釜上、中、下可视窗的水合物形态变化图像进行实时采集和分析。

（1）上方可视窗 CO_2 水合物形态变化

数据采集系统显示在反应时间为 411 min 时，喷雾釜温度下降至 277.35 K，整个水合反应的诱导期结束。而后整个反应体系进入快速生长期，此时喷雾釜温度急剧攀升且开始大量生成 CO_2 水合物。在整个水合物快速生长期间，喷雾釜温度维持在 278.75 K 左右，且最高温度可达 279.07 K。

图 7-6 所示为荷电喷雾法上方可视窗生成 CO_2 水合物过程形态变化图。由于喷头水雾在上方可视窗覆盖的面积较小，该区域生成 CO_2 水合物的时间相对较晚。图 7-6(a)所示为 433 min 时上方可视窗的 CO_2 水合物形态结构图，观察可知水合物主要沿喷雾釜壁生

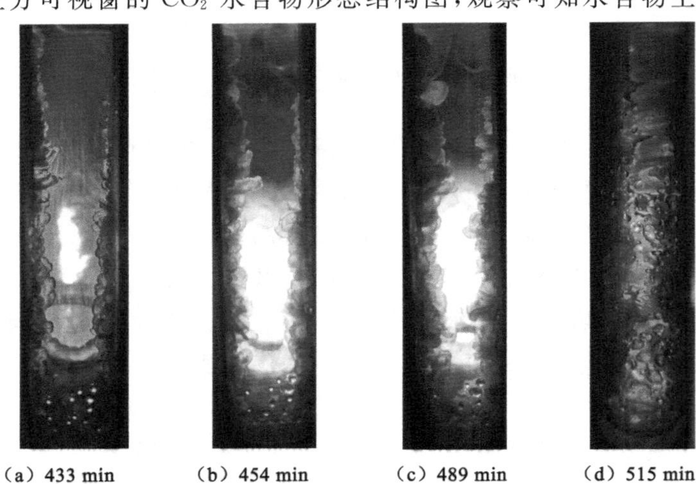

（a）433 min （b）454 min （c）489 min （d）515 min

图 7-6 在 285.15 K、2.5 MPa、1.5 kV 下上方可视窗生成 CO_2 水合物过程形态变化图

长，形态结构主要分为丝状和簇状两种。丝状结构为半圆弧形，且随着时间的推移层叠的丝状结构向外延伸，水合物结构更加致密。簇状结构以喷雾釜壁面为成核位点，经过水分子的有序排列形成。在 454 min 时，由图 7-6(b)可见，CO_2 水合物生长非常迅速，形成数量更多，排列更加紧凑，丝状和簇状结构也更加明显。在 489 min 时，由图 7-6(c)可知，CO_2 水合物继续向外延伸，左右壁面的水合物快要相接。直到水合反应的后期 515 min 时，如图 4-2(d)所示，左右壁面的水合物完全接壤，丝状结构不再明显，簇状结构突出，水合反应结束。

(2) 中间可视窗 CO_2 水合物形态变化

图 7-7 和图 7-8 分别为实验过程中中间可视窗 CO_2 水合物生成过程的形态变化图和反应结束后局部 CO_2 水合物丝状、簇状结构图。在 423 min 时，可视窗上的水珠已有部分形成水合物，并由刚开始的液态转变为固液共存状态，且在可视窗的边缘，已有簇状的水合物形成并快速生长，如图 7-7(a)所示。当反应进行到 444 min 时，喷雾釜内已形成大量的 CO_2 水合物。在喷雾釜受外界环境温度影响较小的区域，如喷嘴可喷射触及的釜内壁面(尤其是釜壁中间区域)，由于此处 CO_2 分子和排列有序的 H_2O 分子数量充足且可充分接触，受环境温度影响较小，水合物生长较快，且 CO_2 水合物生成形态大多呈白色丝状堆叠的圆弧状、枝条状和簇状悬挂在喷雾釜壁面，如图 7-7(b)所示。其中，更加清晰的白色丝状堆叠 CO_2 水合物形态如图 7-8(a)和 7-8(b)所示，两者分别为反应过程中和反应结束后环形电极上的水合物丝状排布形态。而图 7-8(c)所示为反应结束后环形电极杆上的水合物簇状排布图。如图 7-7(c)所示，在 456 min 时，随着水合物的横向延伸，仔细观察可看到水合物表面有气泡鼓出，并与排列有序的 H_2O 分子作用使水合物进一步生长，同时丝状结构变得更加致密，整个反应釜壁面几乎完全被水合物铺满，且丝状堆叠结构不再显著，水合物形态依然为圆弧状、条状、树枝状和簇状。如图 7-7(d)所示，在 519 min 时，由于整个反应进入 CO_2

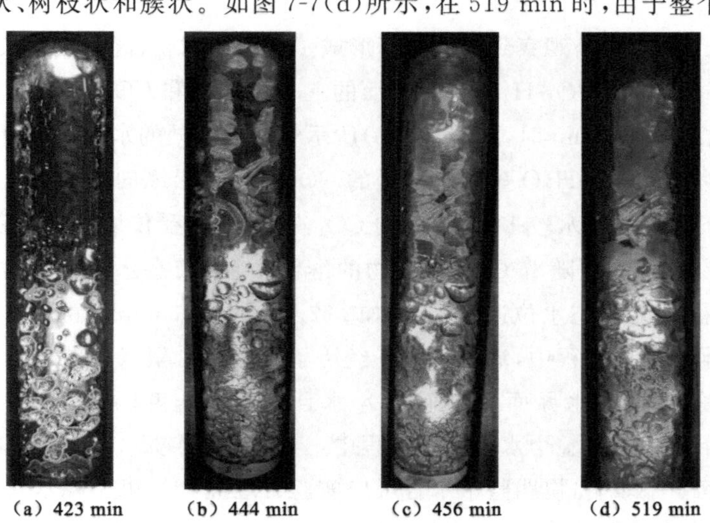

图 7-7　在 285.15 K、2.5 MPa、1.5 kV 下中间可视窗生成 CO_2 水合物过程形态变化图

水合物生长期尾声，此时可流动的 H_2O 几乎消耗殆尽，所以喷嘴流量和喷射触及区域面积也大幅减小。在喷射可触及区域，喷雾釜中间内壁生成的水合物最为密集，且最外层表面呈不规则的块状结构，没有层次感，也没有具体的轮廓，而是随机分布的。因此，喷雾釜中间可视窗内壁的水合物形态结构主要为丝状堆叠圆弧状、条状、树枝状或簇状、不规则块状结构。

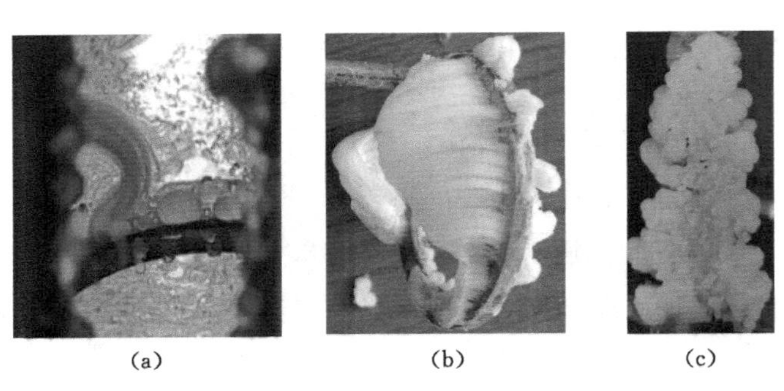

图 7-8　局部 CO_2 水合物丝状结构和簇状结构

在喷雾釜受环境温度影响较大的区域，如喷雾釜的可视窗内壁面，由于空气直接与可视窗接触受到环境温度影响，水合物生成较慢。随水合反应结束，喷雾釜温度降低，可视窗上完全被水合物铺满，凝结成块状附着在可视窗上，水合物排列更加致密，直至反应结束，完全观察不到釜内水合物形态分布情况。

(3) 下方可视窗气液界面 CO_2 水合物形态变化

实验表明，喷雾釜温度降至 277.35 K 时，CO_2 水合物开始在气液固三相界面和气液界面快速生成，且振荡进气方式可以加剧釜内气体间变化性扰动，利于气-液相间传热传质，强化水合反应[217]。

在 418 min 时，可清晰观察到气液界面形成一层水合物膜，此时液相状态由乳浊状变为絮状，如图 7-9(a)所示。CO_2-H_2O-釜内壁面的三相接触面和 CO_2-H_2O 两相界面处的水合物迅速延伸生长，在 458 min 时，如图 7-9(b)所示气液界面处的水合物膜变成形状不规则的大块 CO_2 水合物，且 CO_2-H_2O-釜内壁面处的 CO_2 水合物沿纵向延伸，形态呈簇状或块状。在气液界面以下由于液态水较多，液相中的 CO_2 分子有限，受传质限制两者未能充分接触，所以生长速度较为缓慢。随着 CO_2 水合物的继续生成，液态水越来越少，气液界面处的 CO_2 水合物越来越多，液态水位逐渐降低，如 472 min 和 491 min 时的图 7-9(c)和图 7-9(d)所示。在整个水合反应过程中，液态水形态经历了乳浊状—絮状—白色致密固体水合物的转变。因此，喷雾釜液态水界面及以下 CO_2 水合物生长速度区域排序为：气液固三相界面＞气液界面＞液相。在整个水合反应过程中，当喷头不再喷水、储气罐压力不再下降、喷雾釜温度变化趋于平缓时，说明整个水合反应实验已经完全结束。在水合反应实验结束卸压时，发现釜内水合物迅速分解，并发出吱吱的响声。在水合物分解后期，釜内部分水合物变成液体后，会发现液态水中还会有大量的气泡鼓出，如图 7-9(e)所示。

停止实验后，打开法兰上盖，发现喷雾釜壁面区域和环形电极上布满了白色致密的

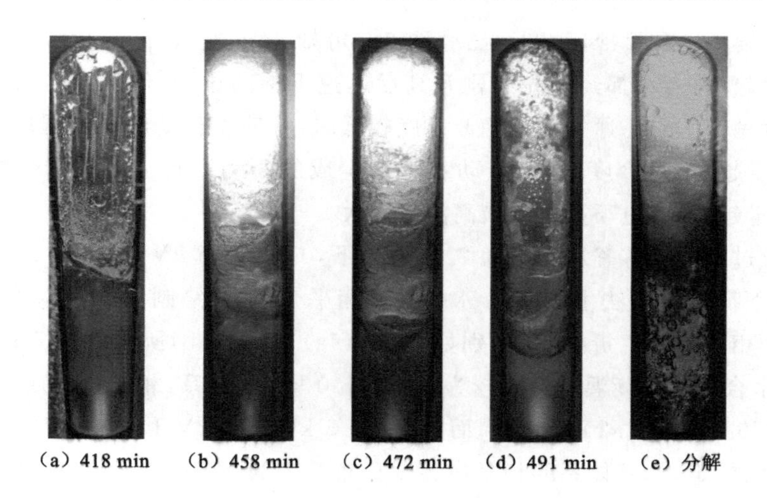

图 7-9 下方可视窗气液界面生成 CO_2 水合物形态变化和分解图

CO_2 水合物。如图 7-10(a)所示,喷雾釜壁中间区域和底部有大量的水合物生成,釜壁上方水合物较少,而喷雾釜轴线中央位置基本没有,此生长特点在其他体系中依然存在,这表明 CO_2 水合物以固体壁面为成核位点,并沿壁延伸的趋势。因此,CO_2 水合物数量的区域排布顺序为:喷雾釜内中间壁面>喷雾釜底部壁面>喷雾釜上部壁面>喷雾釜中央轴线区域。在图 7-10(b)中,可观察到丝状水合物大量堆叠,沿喷雾釜壁面横向有序紧凑排列的结构,且在 CO_2 水合物的最外层有一层白色致密的水合物膜。

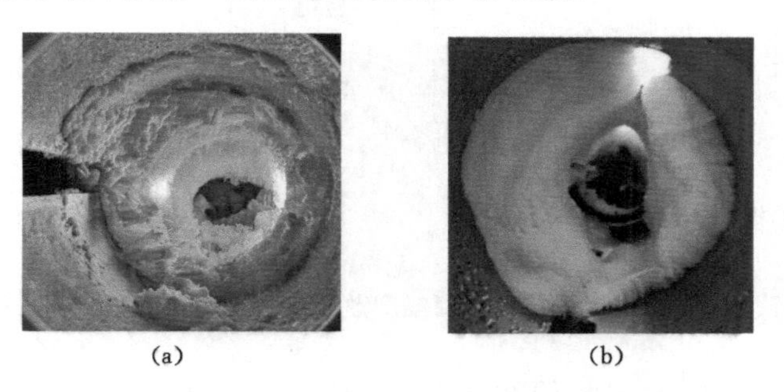

图 7-10 反应结束后 CO_2 水合物沿釜内壁面分布图

7.4 荷电喷雾合成 CO_2 水合物过程的热动力学特性

7.4.1 CO_2 水合物热力学相平衡特性研究

在对体系降温的过程中,冷却液温度要低于水合物的相平衡温度,水合物才可能生成。对恒压降温条件下的 CO_2 水合物形成过程而言,过冷度($T-T_{eq}$)就是喷雾釜温度和水合物相平衡温度之间的温度差[218],通常称为气体水合物的成核和生长过程的驱动力[219]。经实验发现荷电喷雾法生成 CO_2 水合物的实际成核点温度明显低于理论相平衡温度,这表明水合物的形成需要一定的过冷度[140]。结合图 7-5 可知，不同电压下 CO_2 水合物的快速生长阶段温度变化趋势一致，都经历先急剧升高后迅速下降的过程，但在该阶段喷雾釜所能达到的最高温度稍有区别。通常在相平衡温度较低时，快速生长期的峰值温度较高。也就是说，相平衡温度越低，过冷度越大，推动水合物生成的驱动力越大[220]，水合物生长速度越快，释放的热量越多，荷电喷雾釜的最高温度越大。

根据实验过程中喷雾釜压力恒为 2.5 MPa 下，0 kV、0.5 kV、1.0 kV、1.5 kV、2.0 kV 等 45 组实验下荷电喷雾法生成 CO_2 水合物的相平衡温度，绘制了反应体系的相平衡温度散点图和平均相平衡温度折线图，分别如图 7-11(a)和 7-11(b)所示。图 7-11(a)表明不同电压对 CO_2 水合物相平衡温度影响较为显著。1.0 kV 的体系，相平衡温度分布较为集中，主要分布在 276.75～278.20 K 之间；而 0 kV、0.5 kV、1.5 kV 和 2.0 kV 体系的相平衡温度分布较为分散，如 0 kV 体系的相平衡温度分布范围为 276.05～278.65 K，0.5 kV 体系的分布范围为 275.75～278.25 K，1.5 kV 体系的分布范围为 275.15～278.05 K，2.0 kV 体系的分布范围为 276.05～278.35 K。

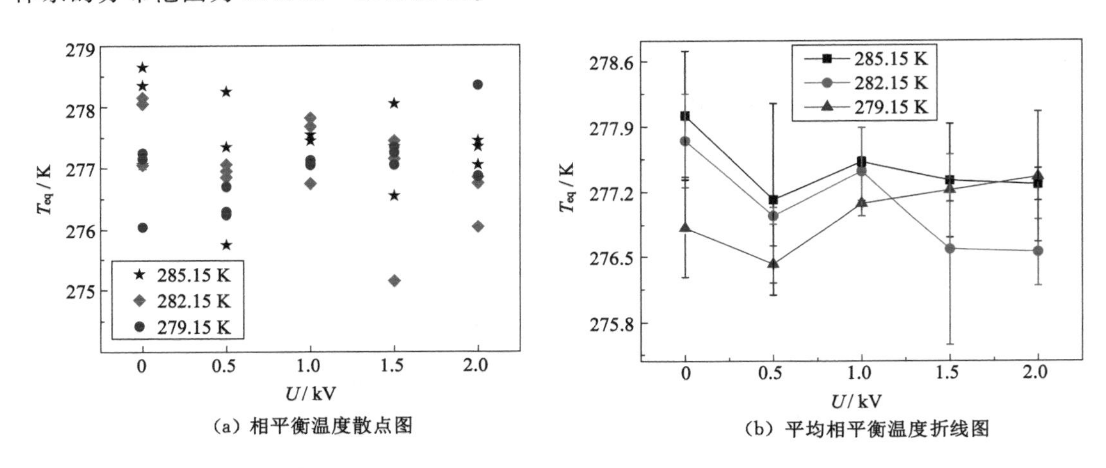

(a) 相平衡温度散点图

(b) 平均相平衡温度折线图

图 7-11　不同反应体系相平衡温度散点图和平均相平衡温度折线图

结合图 7-11(b)可知，对于相同初始温度(如 285.15 K、282.15 K)反应体系，电压从 0 kV升高为 0.5 kV 时，相平衡温度减小；从 0.5 kV 升高为 1.0 kV 时，相平衡温度升高；从 1.0 kV 升高为 2.0 kV 时，相平衡温度再次呈降低趋势。相平衡温度随电压的升高呈下降—上升—下降趋势。Lius 等[80]报道$(1\sim9)\times10^8$ V/m 的外部电场会导致更高的三相共存温度，低于这个范围不会产生明显的共存温度差异，高于这个范围有利于体系在短时间内熔化，提高热效应，且电场范围随着温度的升高而减小。此外，静电场的诱导成核效应与场强密切相关。分子动力学模拟表明，存在临界静电场($E=1.5\times10^7$ V/m)对水分子产生显著不同的影响[221-223]。因此，推测在荷电喷雾技术中电压对 CO_2 水合物相平衡温度的影响也存在一个临界阈值。与其他荷电系统相比，当高压电源设置为 1.0 kV 时，喷雾釜中产生的静电场可能更接近这个临界阈值，1.0 kV 电压下水-气界面的极化水层可能较弱，因此更有利于吸收 CO_2 气体，增加 CO_2 溶解度，同时也有利于 CO_2 水合物成核，使 CO_2 水合物的相平衡温度向更高温度移动。但是，应通过实验和模拟的方法进一步调查以确定该临界阈值。因此，在 2.5 MPa、实验初始温度为 285.15 K 时，平均相平衡温度随电压的排列顺序为：无荷电＞1.0 kV＞1.5 kV＞2.0 kV＞0.5 kV；在 2.5 MPa、实验初始温度为 282.15 K 时，平均相平衡温度随电压的排列顺序为：无荷电＞1.0 kV＞0.5 kV＞1.5 kV＞2.0 kV。两种初始温度下，所有电压下的水合物相平衡点均低于无荷电时的相平衡点。这说明施加高电压将降低 CO_2 水合反应的相平衡温度，对 CO_2 水合物生成的热力学平衡主要表现为抑制作用。

在实验初始温度为 279.15 K 时，相平衡温度随电压变化排序为：2.0 kV＞1.0 kV＞1.5 kV＞0 kV＞0.5 kV。除 0.5 kV 体系 CO_2 水合反应的相平衡温度降低外，其余电压下的相平衡温度均高于 0 kV，说明施加 0.5 kV 的电压对 CO_2 水合物生成的热力学平衡表现出抑制作用，而 1.0 kV、1.5 kV、2.0 kV 均表现出促进作用。这与初始温度为 285.15 K 和 282.15 K 时的作用效果完全不同，说明初始温度对高电压下 CO_2 水合物的生成具有重要作用。

图 7-11(a)和图 7-11(b)表明，对于相同电压不同初始温度的体系，在电压为 0 kV、0.5 kV、1.0 kV时，随初始温度升高，相平衡温度呈增加趋势。三种电压下平均相平衡温度随初始温度变化排序为：T_e(285.15 K)＞T_e(282.15 K)＞T_e(279.15 K)。而当电压为 1.5 kV 时，平均相平衡温度随初始温度变化排序为：T_e(285.15 K)＞T_e(279.15 K)＞T_e(282.15 K)；当电压为 2.0 kV 时，平均相平衡温度随初始温度变化排序为：T_e(279.15 K)＞T_e(285.15 K)＞T_e(282.15 K)。这说明在较低电压下，较低的初始温度 T_i 使得相平衡温度 T_e 降低，初始温度 T_i 越低越不利于水合物形成；而在较高的电压下，初始温度 T_i 越低越有利于提高相平衡温度 T_e，对 CO_2 水合物形成具有热力学促进作用。

7.4.2 电压对诱导时间和快速生长时间的影响

气体水合物晶体成核过程是指晶核形成生长到临界尺寸、状态稳定的水合物晶核的过程，当晶核直径达到临界尺寸后，反应体系进入生长阶段。因此，将诱导时间定义为从反应开始到反应体系达到相平衡温度首次出现临界尺寸晶核所持续的时间。在该实验中即从反应开始到 A 点所持续的时间为诱导时间。晶核的产生是随机的，受过饱和度、气液相间的接触面积、杂质和实验设备的影响，且在低驱动力时数值一般较为分散。因此，需对同一体系进行多次重复实验以保证实验结果的可靠性。

诱导时间和快速生长时间是评定荷电喷雾法生成 CO_2 水合物效果的两个重要参数，为了更好地研究不同电压和初始温度下反应体系中二者的变化规律，图 7-12 给出了三种初始温度(分别为 285.15 K、283.15 K、279.15 K)、五种电压(0 kV、0.5 kV、1.0 kV、1.5 kV、2.0 kV)下 15 个反应体系的平均诱导时间和快速生长时间的对比情况。在图 7-12 中，蓝色代表诱导时间，而黄色代表快速生长时间。

图 7-12(a)显示，285.15 K、2.5 MPa 下，电压分别为 0 kV、0.5 kV、1.0 kV、1.5 kV、2.0 kV 时的 CO_2 水合物形成诱导时间分别为 375 min、384 min、460 min、469 min、478 min。在相同温度、压力和喷嘴流量下，随电压增加诱导时间递增。相比无荷电的 0 kV 体系，0.5 kV、

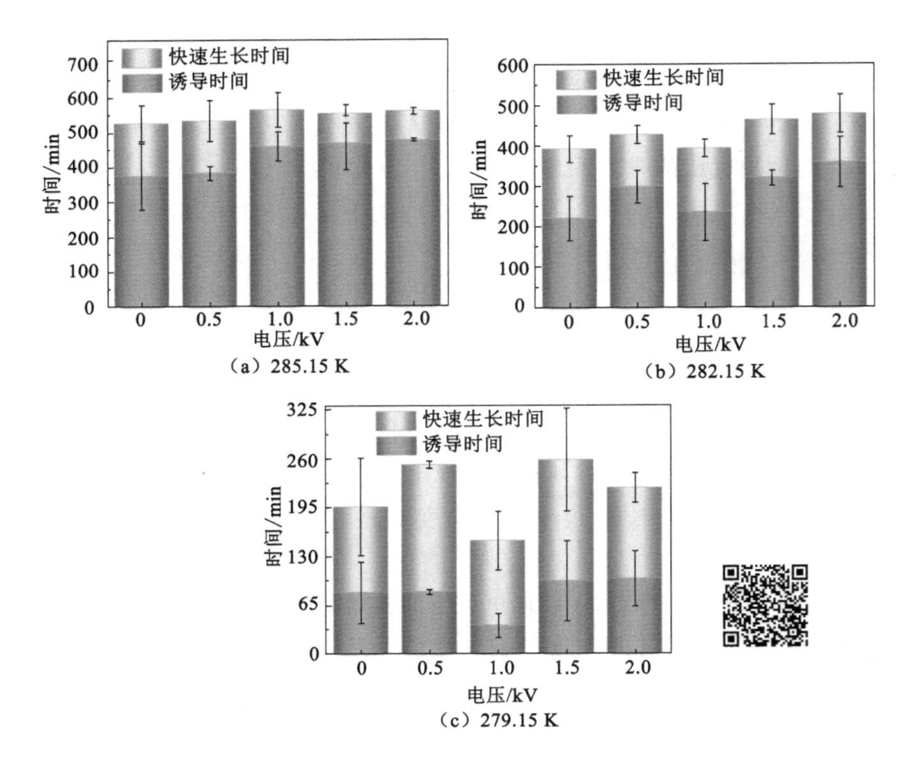

图 7-12 不同电压和初始温度下诱导时间和快速生长时间对比图(2.5 MPa)

1.0 kV、1.5 kV、2.0 kV 体系的诱导时间分别增加了 9 min、85 min、94 min、103 min，施加电压将延长 CO_2 水合物成核诱导时间，从动力学上抑制 CO_2 水合物的成核过程，且电压越大抑制效果越明显。这可能是电压对客体 CO_2 分子和主体 H_2O 分子的影响所致。一方面，CO_2 是非极性分子，施加外电场会增强 CO_2 分子的偶极矩，降低 CO_2 分子的总能量和对称性，影响其参与化学反应的能力[224]。极化的 CO_2 与水分子间的相互作用增强导致二者形成氢键的能力提高，从而影响水分子间的氢键网络形成。因此，水分子形成水合物笼的能力减弱，诱导时间延长。另一方面，在本书中电压是在实验开始时(即 CO_2 溶解之前)施加的。Park 等[74]报道在气体溶解前后施加外部电场对 CO_2 水合物成核的影响显著不同。在气体溶解前施加电场会显著延长气体水合物的诱导时间，该结论与上述结果一致。这是由于在水-气界面处的电场强度和极化密度最大，水分子结构极化最明显，因此存在的强极化水层阻碍了 CO_2 吸收，削弱了 CO_2 进入水分子群的能力，导致水中可形成水合物的 CO_2 气体不足，从而延缓水合物成核。因此，电压对主客体分子的不同作用是延长诱导时间的主要因素。

此外，电压分别为 0 kV、0.5 kV、1.0 kV、1.5 kV、2.0 kV 时，快速生长时间分别为 152 min、150 min、105 min、85 min、83 min。随电压增加，快速生长时间呈递减趋势。相较电压为 0 kV 体系，0.5 kV、1.0 kV、1.5 kV、2.0 kV 体系的快速生长时间分别减少了 2 min、47 min、67 min、69 min，因此施加电压将缩短 CO_2 水合物的快速生长时间，促进其快速生长，且电压越高促进效果越明显，这与 Chen 等的结论一致[76]。产生这种现象的一个原因是荷电喷雾的扰动方式影响，由喷嘴喷出的分散液滴在静电场的作用下带上相同的电荷，由于同种电荷之间的相互排斥作用，液滴表面的不稳定性增强，被进一步破碎雾化成更小的液滴，随着电压的升高雾化效果增强。此外，喷雾使得物质组分向水合物晶体表面的传质速率显著提高，当实验进入生长阶段时，溶液中已经有相当数量的CO_2分子。导致快速生长时间缩短的另一个原因可能是电场对液态水中氢键、内能和自扩散系数的影响。施加电压有利于水分子在晶核周围形成笼状结构，加速其生长。根据Sun等[225]的分析结果，电场对液态水的影响如下：① 外部电场的增加加强了水的氢键作用和有序性[226]。由于水分子具有永久的偶极矩，水分子偶极子沿电场方向重新排列，形成更有序的水结构。② 水的自扩散系数随着电场强度的增加而减小。有报道称，存在电场时水分子的自扩散系数是无电场时的1/10，说明水分子的运动会不可避免地受到电场的限制。③ 随着电场强度的增加，系统的内能降低[227]。因此，当实验进入生长阶段时，强雾化效应、高传质速率、极化水分子的重排、自扩散系数的降低和内能的降低可能是快速生长时间缩短的主要因素。

在初始温度为282.15 K，电压为0 kV、0.5 kV、1.0 kV、1.5 kV、2.0 kV时，如图7-12(b)所示，诱导时间分别为220 min、298 min、235 min、320 min和358 min，电压从0 kV增加到0.5 kV时，诱导时间增加；从0.5 kV增加到1.0 kV时，诱导时间降低；从1.0 kV增加到2.0 kV时，诱导时间再次呈增加趋势。可见诱导时间随电压的升高呈现波动趋势，这与285.15 K下的结果不同。尽管在1.0 kV体系下的诱导时间低于其他电压体系，但依然高于电压为0 kV的体系。相较0 kV体系，0.5 kV、1.0 kV、1.5 kV、2.0 kV体系的诱导时间分别增加了78 min、15 min、100 min、138 min，施加电压将延长CO_2水合物成核诱导时间，抑制CO_2水合物的成核过程，且除电压为1.0 kV体系外，施加电压越大，抑制效果越明显。此外，电压为0 kV、0.5 kV、1.0 kV、1.5 kV、2.0 kV时，快速生长时间分别为173 min、130 min、159 min、144 min、120 min。电压从0 kV增加到0.5 kV时，快速生长时间减小；从0.5 kV增加到1.0 kV时，快速生长时间增加；从1.0 kV增加到2.0 kV时，快速生长时间再次呈减小趋势，这与诱导时间的变化趋势完全相反。尽管1.0 kV体系下的快速生长时间高于其他电压体系，但依然低于0 kV的体系。相较0 kV体系，0.5 kV、1.0 kV、1.5 kV、2.0 kV体系的快速生长时间分别减小了43 min、14 min、29 min、53 min，施加电压将缩短CO_2水合物快速生长时间，促进CO_2水合物的生长过程，且促进效果按以下顺序增强：1.0 kV＜1.5 kV＜0.5 kV＜2.0 kV。可以看出，1.0 kV的促进效果最弱，这是因为该条件下的诱导时间较短，相平衡温度较高，驱动力较小，从而延长了快速生长时间。

在初始温度为279.15 K，电压为0 kV、0.5 kV、1.0 kV、1.5 kV、2.0 kV时，如图7-12(c)所示，诱导时间分别为82 min、83 min、38 min、97 min、100 min，显然初始温度越低越有利于缩短诱导时间，加速CO_2水合物的成核。该体系下诱导时间随电压的变化趋势与282.15 K体系一致，除1.0 kV外，诱导时间随电压升高而升高，且1.0 kV体系的诱导时间低于0 kV体系，对CO_2水合物成核有显著的促进效果，而其他电压下均表现出抑制作用。此外，电压为0 kV、0.5 kV、1.0 kV、1.5 kV、2.0 kV时，快速生长时间分别为114 min、169 min、113 min、161 min、121 min，观察发现快速生长时间与电压不再有相关性，且1.0 kV体系的快速生长时间最短，是唯一能促进CO_2水合物快速生长的体系。这可能是由于电压对诱导时间的影响也存在临界阈值。当电压为 1.0 kV 时釜中的静电场可能更接近临界阈值，导致水-气界面的极化水层较弱，利于吸收 CO_2 气体；此外，体系内的水分子更易通过氢键形成水合物笼，从而加速 CO_2 水合物成核，缩短诱导时间。

7.4.3 电压对气体消耗量和转化率的影响

为探究电压和初始温度对气体消耗量的影响，本小节选取三组重复实验的最高值，并分析三种初始温度(285.15 K、283.15 K、279.15 K)、五种电压(0 kV、0.5 kV、1.0 kV、1.5 kV、2.0 kV)下 15 个反应体系气体消耗量和转化率的对比情况，具体数值如表 7-2 所示。

表 7-2 荷电喷雾法生成 CO_2 水合物气体消耗量和转化率(2.5 MPa)

初始温度/K	电压/kV	气体消耗量/mol	转化率/mol%
285.15	0	3.692	70.29
285.15	0.5	2.684	51.43
285.15	1.0	3.857	76.28
285.15	1.5	2.740	53.45
285.15	2.0	3.311	62.48
282.15	0	3.604	66.94
282.15	0.5	2.786	51.62
282.15	1.0	3.639	67.86
282.15	1.5	3.373	63.70
282.15	2.0	3.489	66.02
279.15	0	2.347	43.76
279.15	0.5	1.308	25.42
279.15	1.0	2.511	47.60
279.15	1.5	1.543	30.06
279.15	2.0	1.724	33.15

根据表 7-2 绘制了不同初始温度、五个电压体系的 CO_2 实时气体消耗量动力学曲线图，并用○表示各体系的相平衡点。如图 7-13 所示，所有体系的 CO_2 实时气体消耗量曲线变化一致。在溶解阶段，气体消耗量快速增加，溶液达到饱和后，呈缓慢上升趋势；当体系到达相平衡后，因开始生成大量水合物，气体消耗量再次急剧增加；水合反应结束后，气体消耗量趋于稳定，不再明显变化。

图 7-13(a)为 2.5 MPa、285.15 K 下，纯水中不同电压体系形成 CO_2 水合物过程中气体消耗量动力学曲线。相比 0 kV 体系(3.692 mol)，只有 1.0 kV 体系(3.857 mol)增加了 4.5%的 CO_2 气体消耗量；而 0.5 kV(2.684 mol)、1.5 kV(2.740 mol)、2.0 kV(3.311 mol)体系分别减少了 27.3%、25.8%和 10.3%，均呈现抑制效果。此外，由表 4-1 可知，2.5 MPa、285.15 K 下，转化率随电压的排列顺序为：1.0 kV>0 kV>2.0 kV>1.5 kV>0.5 kV，这

与同体系下的气体消耗量变化一致。该方法的转化率远远高于其他方法，说明荷电喷雾法对气体吸收表现出极其优异的性能。

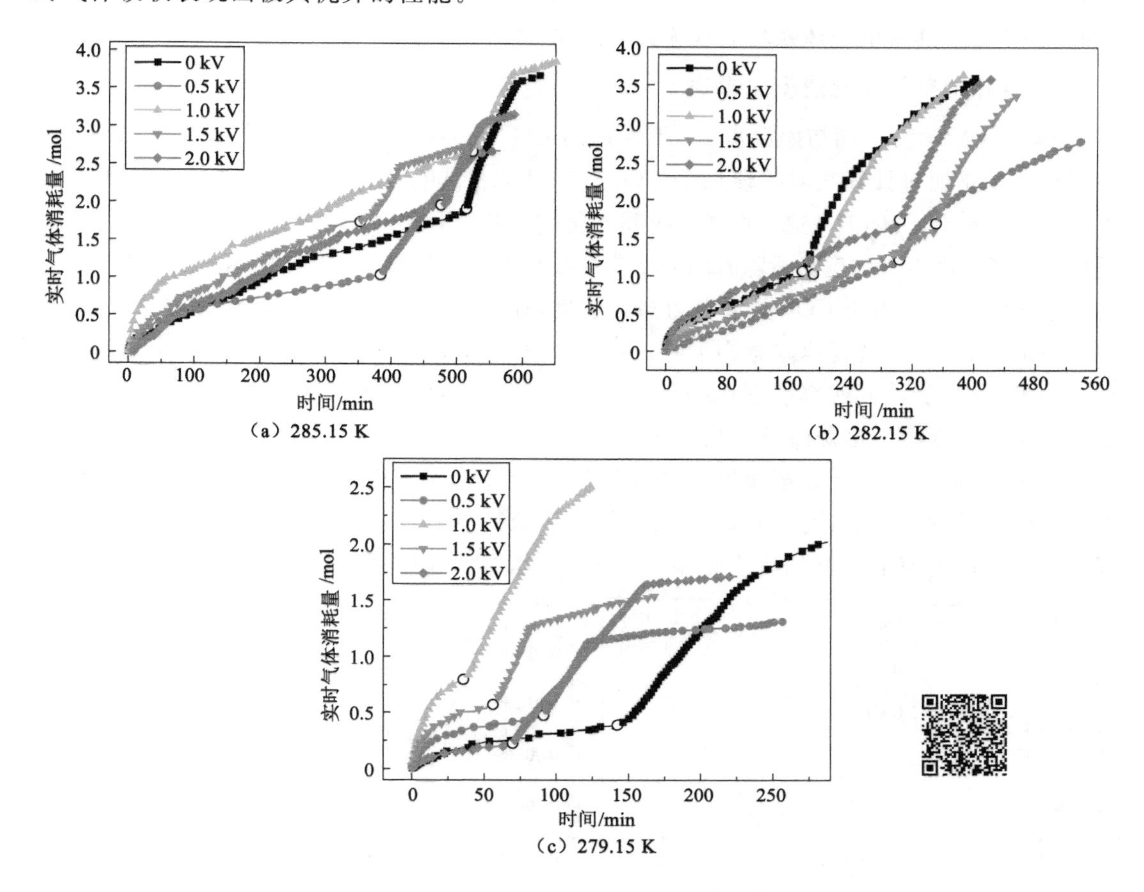

图 7-13　不同电压和初始温度下 CO_2 实时气体消耗量对比图(2.5 MPa)

图 7-13(b)显示了 282.15 K 时，不同电压体系的气体消耗量动力学曲线。在 0 kV、0.5 kV、1.0 kV、1.5 kV、2.0 kV 下的最终气体消耗量分别为 3.604 mol、2.786 mol、3.639 mol、3.373 mol、3.489 mol。相较 0 kV 体系，只有 1.0 kV 体系的气体消耗量增加了 0.97%，表现出轻微的促进效果；而 0.5 kV、1.5 kV、2.0 kV 分别减少了 22.7%、6.4% 和 3.2%，均表现为抑制效果。转化率随电压的排列顺序为 1.0 kV>0 kV>2.0 kV>1.5 kV>0.5 kV，这与 285.15 K 时一致。

图 7-13(c)显示了初始温度为 279.15 K 时，不同电压体系气体消耗量动力学曲线。从表 7-2 可以看出，0 kV、0.5 kV、1.0 kV、1.5 kV、2.0 kV 下的最终气体消耗量分别为 2.347 mol、1.308 mol、2.511 mol、1.543 mol、1.724 mol。该图与图 7-13(a)和图 7-13(b)的变化趋势一致，且 1.0 kV 下气体消耗量较电压为 0 kV 的体系增加了 7.0%，0.5 kV、1.5 kV、2.0 kV 体系则分别减少了 44.3%、34.3% 和 26.5%。转化率随电压的排列顺序为 1.0 kV>0 kV>2.0 kV>1.5 kV>0.5 kV，变化趋势与 285.15 K 和 282.15 K 时均一致，但具体数值相较 282.15 K 进一步下降。

上述结果表明，在相同的初始温度下，气体消耗量和转化率随电压的排列顺序均为：1.0 kV>0 kV>2.0 kV>1.5 kV>0.5 kV。相较 0 kV 体系，只有在 1.0 kV 体系下有轻微的促进效果，其余电压体系均表现为抑制效果。

7.4.4 电压对气体消耗速率的影响

图 7-14 所示为不同初始温度、电压体系的 CO_2 气体消耗速率动力学曲线对比图。气体消耗速率是通过计算某时间段内的 CO_2 气体消耗量与反应时间的比值得到的。从图中可以清楚地看出，气体消耗速率曲线随时间变化呈下降—上升—下降的趋势，这与水合物形成过程中不同温度下气体消耗量随时间的变化曲线相对应。如图 7-14(a)所示，0～100 min 代表气体溶解阶段。由于 CO_2 在水中的高溶解度，在实验开始时的气体消耗速率最大，随着溶液逐渐饱和，CO_2 消耗速率急剧下降。在 100～350 min 内(成核诱导阶段)，由于溶液已达到饱和，CO_2 的消耗速率接近 0 mol/min。350 min 后，体系进入水合物生长阶段，耗气速率呈现出一个强峰。这是由于大量的水合物晶核开始快速生长，大量的 CO_2 气体被固存在水合物中，因此气体消耗速率急剧增加。随着水合反应的进行，因水合物的快速生成放出大量反应热，这些反应热不能及时与循环制冷剂交换导致反应釜内温度明显升高。因此，气体消耗速率迅速下降直到反应结束。此外，与其他实验体系一样，该实验体系首先在气

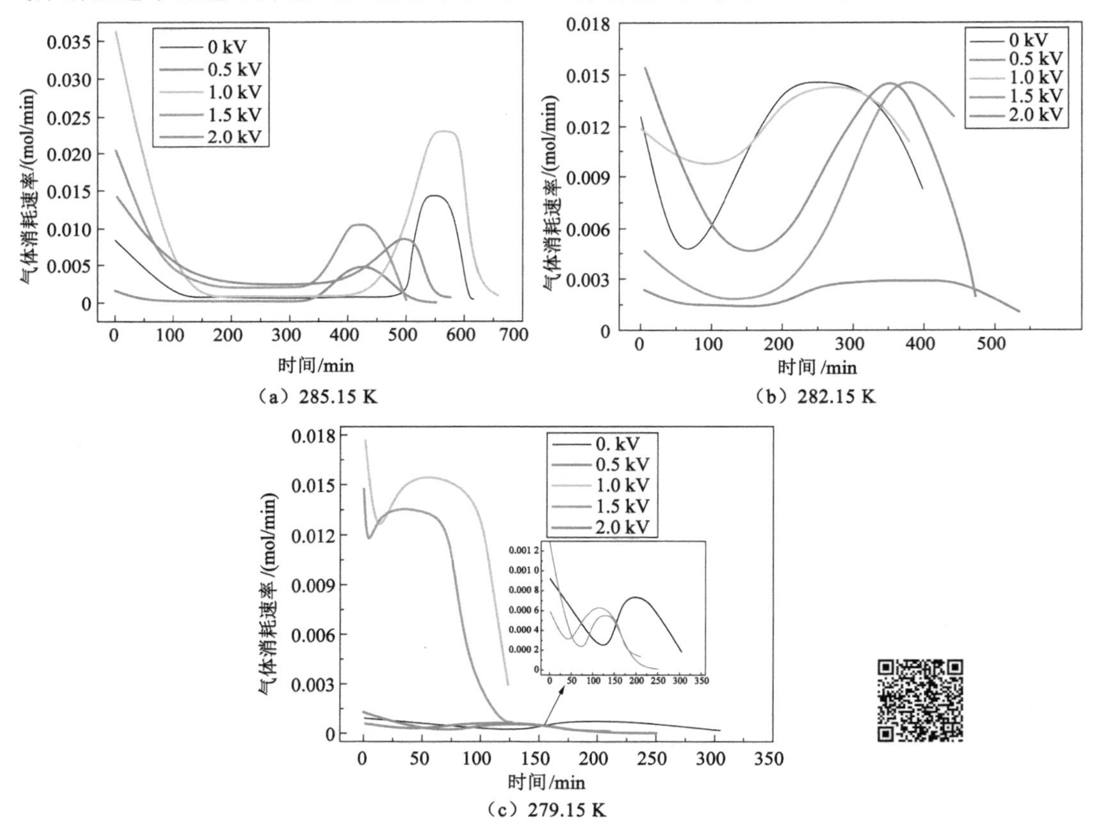

图 7-14 不同电压和初始温度下实时气体消耗速率对比图(2.5 MPa)

液界面生成水合物膜，该水合物膜可能会阻止 CO_2 气体传输转移到悬浮液中，从而导致气体消耗速率迅速降低[228]。

图 7-14(a)为 2.5 MPa、285.15 K 下，不同电压体系形成 CO_2 水合物气体消耗速率变化曲线。在气体溶解阶段，气体消耗速率随电压变化趋势为 1.0 kV>1.5 kV>2.0 kV>0 kV>0.5 kV；在 CO_2 水合物的快速生长阶段，气体消耗速率最高峰值随电压变化趋势为 1.0 kV>0 kV>1.5 kV>2.0 kV>0.5 kV，可见 1.0 kV 时最高，为 0.023 15 mol/min。因此，相比 0 kV 体系，只有 1.0 kV 使 CO_2 水合物形成过程中的气体消耗速率峰值显著增加，而其他电压体系均表现出明显的抑制效果。

图 7-14(b)为 2.5 MPa、282.15 K 下，不同电压体系的气体消耗速率变化曲线。在气体溶解阶段，气体消耗速率随电压变化趋势为 2.0 kV>1.0 kV>0 kV>1.5 kV>0.5 kV；而在 CO_2 水合物的快速生长阶段，气体消耗速率峰值随电压变化趋势为 2.0 kV>1.5 kV>0 kV>1.0 kV>0.5 kV，可见 2.0 kV 时最高，为 0.016 31 mol/min。因此在 282.15 K 下，除 0.5 kV 可明显降低气体消耗速率峰值外，其他电压对其均无明显影响。

图 7-14(c)为 2.5 MPa、279.15 K 下，不同电压体系气体消耗速率变化曲线。在气体溶解阶段，气体消耗速率随电压变化趋势为 1.0 kV>1.5 kV>0.5 kV>0 kV>2.0 kV；在 CO_2 水合物的快速生长阶段，最高气体消耗速率随电压变化趋势为 1.0 kV>1.5 kV>0 kV>2.0 kV>0.5 kV，1.0 kV 时的气体消耗速率最高，为 0.015 56 mol/min。相比 0 kV 体系，只有 1.0 kV 和 1.5 kV 能显著增加 CO_2 水合物形成过程中的气体消耗速率，其他电压均呈抑制效果或无明显影响。

7.4.5 初始温度对诱导时间和快速生长时间的影响

图 7-15(a)显示了初始温度对诱导时间的影响。诱导时间与初始温度的升高呈正相关关系。由于恒温浴槽的冷却速率恒定，初始温度越高，冷却到相平衡点所需的时间越长，诱导时间越长。因此，在实际应用中可以通过降低初始温度来解决诱导时间长的问题。图 7-15(b)显示所有体系的快速生长时间均在 85～180 min 之间。降低初始温度可以延长

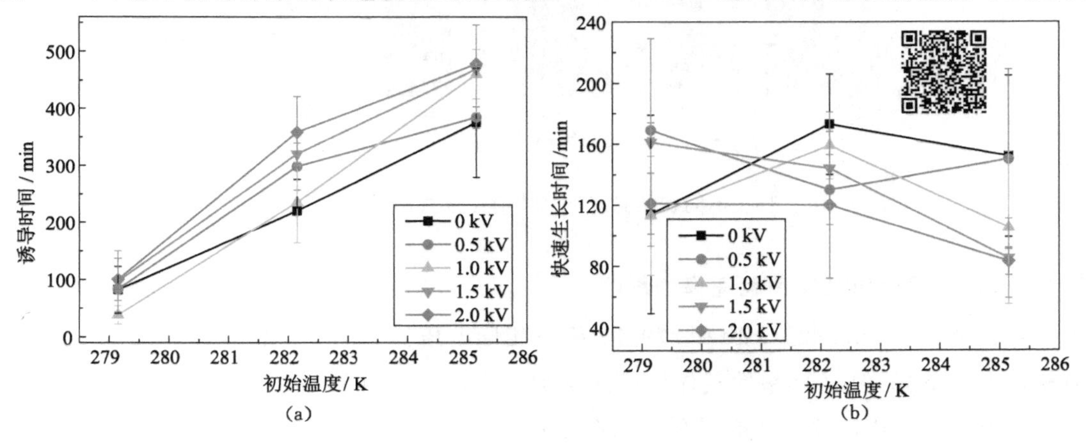

图 7-15 不同初始温度下诱导时间和快速生长时间对比图(2.5 MPa)

快速生长时间，但初始温度越低，延长快速生长时间的效果越不明显。因此，在实际应用中应综合考虑初始温度对诱导时间和快速生长时间的影响，优化初始温度，尽可能缩短诱导时间和快速生长时间。

7.4.6 初始温度对气体消耗量和转化率的影响

在相同电压下，不同初始温度对 CO_2 气体消耗量的影响如图 7-16 所示。图中显示电压为 0 kV、1.0 kV 时，CO_2 气体消耗量和转化率随温度的排列顺序都为 285.15 K>282.15 K>279.15 K，而电压为 0.5 kV、1.5 kV、2.0 kV 时的排列顺序为 282.15 K>285.15 K>279.15 K。无论电压值为多少，279.15 K 体系下的 CO_2 气体消耗量和转化率均低于其他温度体系。在 282.15 K 下，电压为 0.5 kV、1.5 kV 和 2.0 kV 的体系，相较 285.15 K 同电压体系的 CO_2 消耗量分别增加了 3.8%、23.1% 和 5.4%，转化率分别增加了 0.37%、19.18%、5.67%；而在 0 kV 和 1.0 kV 时，282.15 K 相较 285.15 K 对应同电压体系的 CO_2 消耗量分别减少了 2.4% 和 5.7%，转化率分别减少了 4.77%、11.04%。这表明 0 kV、1.0 kV 时，初始温度越高越有利于提升气体消耗量；而 0.5 kV、1.5 kV 和 2.0 kV 时，只有在温度适中时(282.15 K)，才有较好的吸收效果。

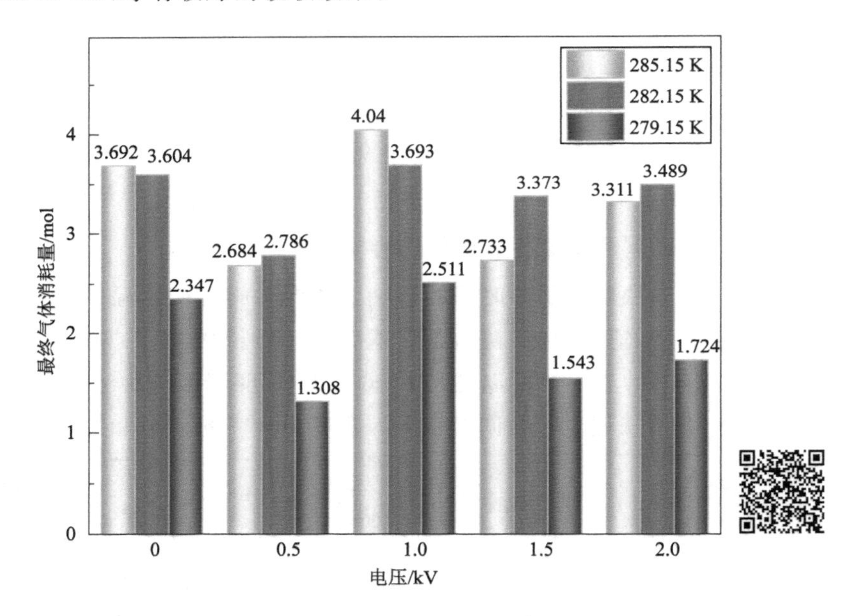

图 7-16　不同初始温度下气体消耗量对比图(2.5 MPa)

7.4.7 初始温度对气体消耗速率的影响

对比 285.15 K、282.15 K 和 279.15 K 下相同电压体系的气体消耗速率曲线发现，所有初始温度下 0.5 kV 体系的气体消耗速率均较小，而 1.0 kV 体系均较大，且同温度不同电压体系下的气体消耗速率曲线存在显著差异。

结合图 7-13 和图 7-14 发现，气体消耗量和气体消耗速率变化曲线在不同条件体系下的变化趋势是对应的。与图 7-14(a)不同的是，在图 7-14(b)和图 7-14(c)中气体消耗速率在开始上升之前并未下降到0 mol/min，这是由于初始温度的降低导致诱导时间急剧缩短，溶液中的CO_2气体未达到饱和体系就进入水合物生长阶段。此外，气体溶解阶段的气体消耗速率随着初始温度的降低而明显降低。产生这种现象的原因是水分子的热运动效应随初始温度的降低而减弱，气液界面处的极化水分子层具有更明显的阻止气体进入水溶液的作用，从而导致气体消耗速率下降。根据图7-14所示的变化趋势发现，随初始温度降低，气体溶解达到饱和后的气体消耗速率趋近于0 mol/min，且峰值出现时间提前，这是由于随温度降低，水合物的诱导时间显著缩短。

整体来看，在喷雾合成实验中添加[N_{4444}]Br和[P_{4444}]Br使CO_2水合物的相平衡温度移向更高的温度，均表现出热力学促进作用，且在相同浓度下[P_{4444}]Br比[N_{4444}]Br的热力学促进效果更好。添加两种ILs均能缩短水合物诱导时间，延长快速生长时间，且ILs浓度越高，诱导时间越短，快速生长时间越长。不同浓度的[P_{4444}]Br、[N_{4444}]Br对气体消耗量影响不大。另外，随ILs浓度升高气体消耗速率峰变宽，且峰值降低。与搅拌法相比，添加同浓度[N_{4444}]Br和[P_{4444}]Br的喷雾法合成CO_2水合物的相平衡温度更高，诱导时间更短，气体消耗量和转化率明显更高。

另外，采用荷电喷雾法研究了不同电压、初始温度对CO_2水合物成核生长的影响，发现低电压高初始温度和高电压低初始温度时的相平衡温度较高。在动力学方面，诱导时间随电压升高而延长，随初始温度降低而明显缩短。相同初始温度下，只有1.0 kV体系能轻微增加气体消耗量，气体消耗量与转化率随电压的排列顺序为：1.0 kV＞0 kV＞2.0 kV＞1.5 kV＞0.5 kV。与无荷电体系相比，只有在1.0 kV下CO_2气体消耗量和水合物的转化率才有轻微的促进效果，其余电压体系均表现为抑制，且0.5 kV的抑制作用最为显著。

参考文献

[1] 贠利民. 煤矿乏风及低浓度瓦斯氧化发电技术探讨[J]. 中国煤层气，2015，12(2)：41-44.

[2] 徐鑫，刘文革，刘建周，等. $Pd/Zr/Al_2O_3$ 风排瓦斯燃烧整体催化剂催化反应机理[J]. 煤炭学报，2017，42(3)：659-664.

[3] 代华明，林柏泉，李庆钊，等. 水汽对多孔介质中低浓度瓦斯燃烧特性的影响[J]. 北京科技大学学报，2013，35(10)：1375-1381.

[4] 冯涛，王鹏飞，郝小礼，等. 煤矿乏风低浓度甲烷热逆流氧化试验研究[J]. 中国安全科学学报，2012，22(10)：88-93.

[5] 兰凤娟，秦勇，林玉成. 煤层气组分浓度异常及其地球化学成因[J]. 中国煤炭地质，2009，21(4)：27-30.

[6] 张旭，胡彪，梁金川. 高含 CO_2 天然气处理工艺研究[J]. 当代化工，2015(11)：2697-2699.

[7] 王治红，吴明鸥，王小强，等. 富含 CO_2 天然气低温分离防冻堵工艺研究[J]. 天然气与石油，2012，30(4)：26-29.

[8] 步学朋. 二氧化碳捕集技术及应用分析[J]. 洁净煤技术，2014，20(5)：9-13.

[9] 任德刚. 冷冻氨法捕集 CO_2 技术及工程应用[J]. 电力建设，2009，30(11)：56-59.

[10] 韩永嘉，王树立，张鹏宇，等. CO_2 分离捕集技术的现状与进展[J]. 天然气工业，2009，29(12)：79-82.

[11] 费维扬，艾宁，陈健. 温室气体 CO_2 的捕集和分离：分离技术面临的挑战与机遇[J]. 化工进展，2005，24(1)：1-4.

[12] 张超昱. 氨水溶液的 CO_2 膜吸收及减压再生研究[D]. 杭州：浙江大学，2012.

[13] SIDI-BOUMEDINE R，HORSTMANN S，FISCHER K，et al. Experimental determination of hydrogen sulfide solubility data in aqueous alkanolamine solutions[J]. Fluid phase equilibria，2004，218(1)：149-155.

[14] SHORT I，SAHGAL A，HAYDUK W. Solubility of ammonia and hydrogen sulfide in several polar solvents[J]. Journal of chemical and engineering data，1983，28(1)：63-66.

[15] CUI G K，WANG J J，ZHANG S J. Active chemisorption sites in functionalized ionic liquids for carbon capture[J]. Chemical society reviews，2016，45(15)：4307-4339.

[16] VAIDYA P D, KENIG E Y. CO_2-alkanolamine reaction kinetics: a review of recent studies[J]. Chemical engineering and technology, 2007, 30(11): 1467-1474.

[17] MA'MUN S, JAKOBSEN J P, SVENDSEN H F, et al. Experimental and modeling study of the solubility of carbon dioxide in aqueous 30 mass% 2-((2-aminoethyl) amino) ethanol solution[J]. Industrial and engineering chemistry research, 2006, 45(8): 2505-2512.

[18] BOUGIE F, ILIUTA M C. CO_2 absorption in aqueous piperazine solutions: experimental study and modeling[J]. Journal of chemical and engineering data, 2011, 56(4): 1547-1554.

[19] 石定贤，赵建忠，赵阳升. 煤层气固态储运的可行性[J]. 天然气工业，2006，26(4)：109-111.

[20] VELUSWAMY H P, KUMAR A, SEO Y, et al. A review of solidified natural gas (SNG) technology for gas storage via clathrate hydrates[J]. Applied energy, 2018, 216: 262-285.

[21] 赵建忠，赵阳升，石定贤. THF 溶液水合物技术提纯含氧煤层气的实验[J]. 煤炭学报，2008，33(12)：1419-1424.

[22] 段国栋，侯鹏，窦利珍，等. 含氧煤层气脱氧技术研究进展及评述[J]. 天然气化工(C1 化学与化工)，2019，44(5)：123-130.

[23] 樊栓狮. 天然气水合物储存与运输技术[M]. 北京：化学工业出版社，2005.

[24] 周莉红. 冰点以下瓦斯水合物分解动力学研究[D]. 哈尔滨：黑龙江科技大学，2018.

[25] 陈光进，孙长宇，马庆兰. 气体水合物科学与技术[M]. 2 版. 北京：化学工业出版社，2020.

[26] SHIROTA H, AYA I, NAMIE S, et al. Measurement of methane hydrate dissociation for application to natural gas storage and transportation[C]//Fourth International Conference on Gas Hydrates, Yokohama, 2002.

[27] 吴强，张保勇. 天然气水合物储气量及分解安全性研究[J]. 天然气工业，2006，26(7)：117-119.

[28] 吴强，靳凯，张保勇，等. 初始分解压力对瓦斯水合物分解特性的影响[J]. 黑龙江科技大学学报，2018，28(5)：483-487.

[29] LI X Y. Insights into the self-preservation effect of methane hydrate at atmospheric pressure using high pressure DSC[J]. Journal of natural gas science and engineering, 2021, 86: 103738.

[30] MIYOSHI T, IMAI M, OHMURA R, et al. Thermodynamic stability of type-Ⅰ and type-Ⅱ clathrate hydrates depending on the chemical species of the guest substances [J]. The journal of chemical physics, 2007, 126(23): 234506.

[31] 梅东海，李以圭，陆九芳，等. H 型气体水合物结构稳定性的分子动力学模拟[J]. 化工学报，1998，49(6)：662-670.

[32] GUDMUNDSSON J S,PARLAKTUNA M,KHOKHAR A A. Storage of natural gas as frozen hydrate[J]. SPE production and facilities,1994,9(1):69-73.

[33] 白冬生. 气体水合物成核与生长的分子动力学模拟研究[D]. 北京:北京化工大学,2013.

[34] ENGLISH N J,JOHNSON J K,TAYLOR C E. Molecular-dynamics simulations of methane hydrate dissociation[J]. The journal of chemical physics,2005,123(24):244503.

[35] ENGLISH N J,PHELAN G M. Molecular dynamics study of thermal-driven methane hydrate dissociation[J]. The journal of chemical physics,2009,131(7):074704.

[36] 耿春宇,丁丽颖,韩清珍,等. 气体分子对甲烷水合物稳定性的影响[J]. 物理化学学报,2008,24(4):595-600.

[37] 万丽华,颜克凤,鲁涛,等. 分子动力学模拟甲烷水合物结构稳定性[J]. 武汉理工大学学报,2010,32(2):25-28.

[38] BAI D S,ZHANG D W,ZHANG X R,et al. Origin of self-preservation effect for hydrate decomposition:coupling of mass and heat transfer resistances[J]. Scientific reports,2015,5:14599.

[39] TAKEYA S, SHIMADA W, KAMATA Y, et al. In situ X-ray diffraction measurements of the self-preservation effect of CH_4 hydrate[J]. The journal of physical chemistry A,2001,105(42):9756-9759.

[40] MIMACHI H, TAKEYA S, YONEYAMA A, et al. Natural gas storage and transportation within gas hydrate of smaller particle: size dependence of self-preservation phenomenon of natural gas hydrate[J]. Chemical engineering science,2014,118:208-213.

[41] MISYURA S Y. The influence of porosity and structural parameters on different kinds of gas hydrate dissociation[J]. Scientific reports,2016,6:30324.

[42] ZHONG J R, ZENG X Y, ZHOU F H, et al. Self-preservation and structural transition of gas hydrates during dissociation below the ice point: an in situ study using Raman spectroscopy[J]. Scientific reports,2016,6:38855.

[43] PRASAD P S R,KIRAN B S. Self-preservation and stability of methane hydrates in the presence of NaCl[J]. Scientific reports,2019,9(1):5860.

[44] SATOSHI T,HIROKO M,TETSURO M. Methane storage in water frameworks: self-preservation of methane hydrate pellets formed from NaCl solutions[J]. Applied energy,2018,230:86-93.

[45] QING S L,ZHONG D L,YI D T,et al. Phase equilibria and dissociation enthalpies for tetra-n-butylammonium chloride semiclathrate hydrates formed with CO_2,CH_4, and CO_2+CH_4[J]. The journal of chemical thermodynamics,2018,117:54-59.

[46] 吴强. 煤矿瓦斯水合化分离试验研究进展[J]. 煤炭科学技术,2014,42(6):81-85.

[47] 樊栓狮,刘建辉,郎雪梅,等. 气体水合物及其衍生技术的研究进展[J]. 华南理工大学

学报(自然科学版),2012,40(11):37-44.

[48] 杨西萍,刘煌,李赟.水合物法分离混合物技术研究进展[J].化工学报,2017,68(3):831-840.

[49] 李璐伶,樊栓狮,温永刚,等.水合物法分离 CH_4/CO_2 研究现状及展望[J].化工进展,2018,37(12):4596-4605.

[50] 彭昊,何宏,王兴坤,等. CO_2 置换开采天然气水合物方法及模拟研究进展[J].当代化工,2019,48(1):170-174,178.

[51] SUN Q, DU M, LI X X, et al. Morphology investigation on cyclopentane hydrate formation/dissociation in a sub-millimeter-sized capillary[J]. Crystals,2019,9(6):307.

[52] SAEDI S, MADAENI S S, SHAMSABADI A A. The effect of surfactants on the structure and performance of PES membrane for separation of carbon dioxide from methane[J]. Separation and purification technology,2012,99:104-119.

[53] 周麟晨,孙志高,李娟,等.水合物形成促进剂研究进展[J].化工进展,2019,38(9):4131-4141.

[54] YANG D L, LE L A, MARTINEZ R J, et al. Kinetics of CO_2 hydrate formation in a continuous flow reactor[J]. Chemical engineering journal,2011,172(1):144-157.

[55] LI A, JIANG L, TANG S. An experimental study on carbon dioxide hydrate formation using a gas-inducing agitated reactor[J]. Energy,2017,134:629-637.

[56] YANG D, LE L A, MARTINEZ R J, et al. Heat transfer during CO_2 Hydrate formation in a continuous flow reactor[J]. Energy and fuels,2008,22(4):2649-2659.

[57] HASHEMI S. Carbon dioxide hydrate formation in a three-phase slurry bubble column[D]. Ottawa:University of Ottawa,2009.

[58] MYRE D, MACCHI A. Heat transfer and bubble dynamics in a three-phase inverse fluidized bed[J]. Chemical engineering and processing:process intensification,2010,49(5):523-529.

[59] LUO Y T, ZHU J H, FAN S S, et al. Study on the kinetics of hydrate formation in a bubble column[J]. Chemical engineering science,2007,62(4):1000-1009.

[60] LI G, LIU D P, XIE Y M, et al. Study on effect factors for CO_2 hydrate rapid formation in a water-spraying apparatus[J]. Energy and Fuels,2010,24(8):4590-4597.

[61] PARTOON B, SABIL K M, LAU K K, et al. Production of gas hydrate in a semi-batch spray reactor process as a means for separation of carbon dioxide from methane[J]. Chemical engineering research and design,2018,138:168-175.

[62] 刘彩霞,刘妮,殷小明,等.近十年促进 CO_2 水合物生成方法的研究进展[J].热能动力工程,2018,33(11):1-7.

[63] 石定贤,赵建忠,赵阳升.水合物合成喷雾强化机理研究[J].辽宁工程技术大学学报,2006,25(1):131-133.

[64] FUJITA S, WATANABE K, MORI Y H. Clathrate-hydrate formation by water

spraying onto a porous metal plate exuding a hydrophobic liquid coolant[J]. AIChE journal,2009,55(4):1056-1064.

[65] ROSSI F,FILIPPONI M,CASTELLANI B. Investigation on a novel reactor for gas hydrate production[J]. Applied energy,2012,99:167-172.

[66] TSUJI H,OHMURA R,MORI Y H. Forming structure-H hydrates using water spraying in methane gas: effects of chemical species of large-molecule guest substances[J]. Energy and fuels,2004,18(2):418-424.

[67] MENG Z W,XU J F,HAO Y C,et al. Molecular study on the behavior of CO_2 hydrate growth promoted by the electric field[J]. Geoenergy science and engineering,2023,221:111261.

[68] KUMANO H,HIRATA T,MITSUISHI K,et al. Experimental study on effect of electric field on hydrate nucleation in supercooled tetra-n-butyl ammonium bromide aqueous solution[J]. International journal of refrigeration,2012,35(5):1266-1274.

[69] 刘勇,郭开华,梁德青,等. 在磁场作用下 HCFC-141b 制冷剂气体水合物的生成过程[J]. 中国科学(B辑),2003,33(1):89-96.

[70] WALDRON C J,ENGLISH N J. Global-density fluctuations in methane clathrate hydrates in externally applied electromagnetic fields[J]. The journal of chemical physics,2017,147(2):024506.

[71] LIANG D Q,HE S,LI D L. Effect of microwave on formation/decomposition of natural gas hydrate[J]. Chinese science bulletin,2009,54(6):965-971.

[72] ZHONG Y,ROGERS R E. Surfactant effects on gas hydrate formation[J]. Chemical engineering science,2000,55(19):4175-4187.

[73] HONG H J,KO C H,SONG M H. Effect of ultrasonic waves on dissociation kinetics of tetrafluoroethane(CH_2FCF_3) hydrate[J]. Journal of industrial and engineering chemistry,2016,41:183-189.

[74] PARK T,KWON T H. Effect of electric field on gas hydrate nucleation kinetics: evidence for the enhanced kinetics of hydrate nucleation by negatively charged clay surfaces[J]. Environmental science and technology,2018,52(5):3267-3274.

[75] 刘卫国,陈兵兵,杨明军,等. 弱电场下 THF 水合物生成特性[J]. 工程热物理学报,2019,40(12):2763-2768.

[76] CHEN B,DONG H,SUN H,et al. Effect of a weak electric field on THF hydrate formation: induction time and morphology[J]. Journal of petroleum science and engineering,2020,194:107486.

[77] CARPENTER K,BAHADUR V. Electronucleation for rapid and controlled formation of hydrates[J]. The journal of physical chemistry letters,2016,7(13):2465-2469.

[78] ENGLISH N J,MACELROY J D. Theoretical studies of the kinetics of methane hydrate crystallization in external electromagnetic fields[J]. The journal of chemical

physics,2004,120(21):10247-10256.

[79] GHAANI M R, ENGLISH N J. Molecular dynamics study of propane hydrate dissociation: nonequilibrium analysis in externally applied electric fields[J]. The journal of physical chemistry C,2018,122(13):7504-7515.

[80] LUIS D P, LÓPEZ-LEMUS J, MASPOCH M L, et al. Methane hydrate: shifting the coexistence temperature to higher temperatures with an external electric field[J]. Molecular simulation,2016,42(12):1014-1023.

[81] FATEEV E G. A model of the hypersensitivity of compressible crystal hydrates in superlow-frequency electric fields[J]. Technical physics letters,2000,26(7):640-643.

[82] LUIS D P, HERRERA-HERNÁNDEZ E C, SAINT-MARTIN H. A theoretical study of the dissociation of the sI methane hydrate induced by an external electric field[J]. The journal of chemical physics,2015,143(20):204503.

[83] LI J X, LU H J, ZHOU X Y. Electric field triggered release of gas from a quasi-one-dimensional hydrate in the carbon nanotube[J]. Nanoscale,2020,12(24):12801-12808.

[84] KRISHNAN Y, GHAANI M R, ENGLISH N J. Electric-field control of neon uptake and release to and from clathrate hydrates[J]. The journal of physical chemistry C, 2019,123(45):27554-27560.

[85] XU T T, LANG X M, FAN S S, et al. The effect of electric fields in methane hydrate growth and dissociation: a molecular dynamics simulation[J]. Computational and theoretical chemistry,2019,1149:57-68.

[86] 徐婷婷.二氧化硅表面或电场存在下的气体水合物生成分解模拟研究[D].广州:华南理工大学,2019.

[87] PARK S S, KIM N J. Study on methane hydrate formation using ultrasonic waves [J]. Journal of industrial and engineering chemistry,2013,19(5):1668-1672.

[88] 白净,梁德青,吴能友,等.超重力因子对 CO_2 水合物生成过程的影响[J].郑州大学学报(工学版),2013,34(4):85-89.

[89] 白净,李栋梁,梁德青,等.静态超重力水合反应器中二氧化碳水合物生成过程热量分析[J].天然气化工(C1 化学与化工),2010,35(4):30-34.

[90] 梁德青,何松,李栋梁.微波对天然气水合物形成/分解过程的影响[J].科学通报,2008,53(24):3045-3050.

[91] BAVOH C B, LAL B, OSEI H, et al. A review on the role of amino acids in gas hydrate inhibition, CO_2 capture and sequestration, and natural gas storage[J]. Journal of natural gas science and engineering,2019,64:52-71.

[92] TARIQ M, ROONEY D, OTHMAN E, et al. Gas hydrate inhibition: a review of the role of ionic liquids[J]. Industrial and engineering chemistry research, 2014, 53: 17855-17868.

[93] NASHED O, PARTOON B, LAL B, et al. Review the impact of nanoparticles on the

thermodynamics and kinetics of gas hydrate formation[J]. Journal of natural gas science and engineering,2018,55:452-465.

[94] NASIR Q,SULEMAN H,ELSHEIKH Y A. A review on the role and impact of various additives as promoters/inhibitors for gas hydrate formation[J]. Journal of natural gas science and engineering,2020,76:103211.

[95] SA J H,HU Y,SUM A K. Assessing thermodynamic consistency of gas hydrates phase equilibrium data for inhibited systems[J]. Fluid phase equilibria,2018,473:294-299.

[96] KANG S P,LEE H,LEE C S,et al. Hydrate phase equilibria of the guest mixtures containing CO_2,N_2 and tetrahydrofuran[J]. Fluid phase equilibria,2001,185(1/2):101-109.

[97] LEE Y J,KAWAMURA T,YAMAMOTO Y,et al. Phase equilibrium studies of tetrahydrofuran(THF) + CH_4, THF + CO_2, CH_4 + CO_2, and THF + CO_2 + CH_4 hydrates[J]. Journal of chemical and engineering data,2012,57(12):3543-3548.

[98] MATSUMOTO Y,MAKINO T,SUGAHARA T,et al. Phase equilibrium relations for binary mixed hydrate systems composed of carbon dioxide and cyclopentane derivatives[J]. Fluid phase equilibria,2014,362:379-382.

[99] DE DEUGD R M,JAGER M D,DE SWAAN A J. Mixed hydrates of methane and water-soluble hydrocarbons modeling of empirical results[J]. AIChE journal,2001,47(3):693-704.

[100] 胡倩,周诗岽,郭宇,等.蜡晶析出对 CO_2 水合物相平衡及诱导特性的影响[J].化工进展,2021,40(5):2452-2460.

[101] WANG M,SUN Z G,LI C H,et al. Equilibrium hydrate dissociation conditions of CO_2+HCFC141b or cyclopentane[J]. Journal of chemical and engineering data,2016,61(9):3250-3253.

[102] SUN Q,CHEN B,LI X X,et al. The investigation of phase equilibria and kinetics of CH_4 hydrate in the presence of bio-additives[J]. Fluid phase equilibria,2017,452:143-147.

[103] 丁家祥,史伶俐,申小冬,等.SDS 对甲烷水合物生成动力学和微观结构的影响[J].化工学报,2017,68(12):4802-4808.

[104] JIANG L L,LI A R,XU J F,et al. Effects of SDS and SDBS on CO_2 hydrate formation,induction time,storage capacity and stability at 274.15 K and 5.0 MPa[J]. Chemistry select,2016,1(19):6111-6114.

[105] 赵健龙,马贵阳,潘振,等.烷基多糖苷对甲烷水合物生成影响[J].化学工程,2018,46(9):17-22.

[106] 陈文胜,吴强.Span 60 对甲烷水合过程温度场影响的实验研究[J].黑龙江科技大学学报,2017,27(1):13-16.

[107] 杜建伟,梁德青,戴兴学,等. Span 80 促进甲烷水合物生成动力学研究[J]. 工程热物理学报,2011,32(2):197-200.

[108] LV Q N,LI L,LI X S,et al. Formation kinetics of cyclopentane + methane hydrates in brine water systems and raman spectroscopic analysis[J]. Energy and fuels,2015,29(9):6104-6110.

[109] EARLE M J,SEDDON K R,ADAMS C J,et al. Friedel-crafts reactions in room temperature ionic liquids[J]. Chemical communications,1998(19):2097-2098.

[110] LONG X J,WANG Y H,LANG X M,et al. Hydrate equilibrium measurements for CH_4,CO_2,and CH_4+CO_2 in the presence of tetra-n-butyl ammonium bromide[J]. Journal of chemical and engineering data,2016,61(11):3897-3901.

[111] LEE S,LEE Y,PARK S,et al. Thermodynamic and spectroscopic identification of guest gas enclathration in the double tetra-n-butylammonium fluoride semiclathrates [J]. The journal of physical chemistry B,2012,116(30):9075-9081.

[112] LI S F,FAN S S,WANG J Q,et al. Semiclathrate hydrate phase equilibria for CO_2 in the presence of tetra-n-butyl ammonium halide(bromide,chloride,or fluoride) [J]. Journal of chemical and engineering data,2010,55(9):3212-3215.

[113] 张强,梁海峰,吉梦霞,等. TBAB 半笼型甲烷水合物稳定性分子动力学模拟[J]. 天然气化工(C1 化学与化工),2021,46(1):107-112.

[114] XIAO C W,ADIDHARMA H. Dual function inhibitors for methane hydrate[J]. Chemical engineering science,2009,64(7):1522-1527.

[115] XIAO C W, WIBISONO N, ADIDHARMA H. Dialkylimidazolium halide ionic liquids as dual function inhibitors for methane hydrate[J]. Chemical engineering science,2010,65(10):3080-3087.

[116] CHU C K,LIN S T,CHEN Y P,et al. Chain length effect of ionic liquid 1-alkyl-3-methylimidazolium chloride on the phase equilibrium of methane hydrate[J]. Fluid phase equilibria,2016,413:57-64.

[117] MARSH K N,DEEV A,WU A C T,et al. Room temperature ionic liquids as replacements for conventional solvents: a review[J]. Korean journal of chemical engineering,2002,19(3):357-362.

[118] SEDDON K R,STARK A,TORRES M J. Influence of chloride,water,and organic solvents on the physical properties of ionic liquids[J]. Pure and applied chemistry,2000,72(12):2275-2287.

[119] NASHED O,SABIL K M,LAL B,et al. Study of 1-(2-hydroxyethyle) 3-methylimidazolium halide as thermodynamic inhibitors[J]. Applied mechanics and materials,2014,625:337-340.

[120] TARIQ M,CONNOR E,THOMPSON J,et al. Doubly dual nature of ammonium-based ionic liquids for methane hydrates probed by rocking-rig assembly[J]. RSC

advances,2016,6(28):23827-23836.

[121] KHAN M S, BAVOH C B, PARTOON B, et al. Thermodynamic effect of ammonium based ionic liquids on CO_2 hydrates phase boundary[J]. Journal of molecular liquids,2017,238:533-539.

[122] KIM K S,KANG J W,KANG S P. Tuning ionic liquids for hydrate inhibition[J]. Chemical communications(Cambridge),2011,47(22):6341-6343.

[123] LI X S,LIU Y J,ZENG Z Y,et al. Equilibrium hydrate formation conditions for the mixtures of methane + ionic liquids + water[J]. Journal of chemical and engineering data,2011,56(1):119-123.

[124] KHAN M S, LAL B, PARTOON B, et al. Experimental evaluation of a novel thermodynamic inhibitor for CH_4 and CO_2 hydrates[J]. Procedia engineering,2016, 148:932-940.

[125] SHIN B S,KIM E S,KWAK S K,et al. Thermodynamic inhibition effects of ionic liquids on the formation of condensed carbon dioxide hydrate[J]. Fluid phase equilibria,2014,382:270-278.

[126] CHA J H, HA C, HAN S, et al. Experimental measurement of phase equilibrium of hydrate in water+ionic liquid+CH_4 system[J]. Journal of chemical and engineering data,2016,61(1):543-548.

[127] 李建敏,王树立,饶永超,等.离子液体强化二氧化碳水合物生成实验研究[J].现代化工,2014,34(12):124-127.

[128] 张琳,徐小军,周诗岽,等.1-甲基咪唑离子液体促进 CO_2 水合物生成实验探究[J].天然气化工(C1 化学与化工),2013,38(5):1-4.

[129] FAN S S,LI S F,WANG J Q,et al. Efficient capture of CO_2 from simulated flue gas by formation of TBAB or TBAF semiclathrate hydrates[J]. Energy and fuels,2009, 23(8):4202-4208.

[130] LI X S,XU C G,CHEN Z Y,et al. Tetra-n-butyl ammonium bromide semi-clathrate hydrate process for post-combustion capture of carbon dioxide in the presence of dodecyl trimethyl ammonium chloride[J]. Energy,2010,35(9):3902-3908.

[131] MADEIRA P P, BESSA A, ÁLVARES-RIBEIRO L, et al. Amino acid/water interactions study:a new amino acid scale[J]. Journal of biomolecular structure and dynamics,2014,32(6):959-968.

[132] LIU Y, CHEN B Y, CHEN Y L, et al. Methane storage in a hydrated form as promoted by leucines for possible application to natural gas transportation and storage[J]. Energy technology,2015,3(8):815-819.

[133] CAI Y H,CHEN Y L,LI Q J,et al. CO_2 hydrate formation promoted by a natural amino acid l-methionine for possible application to CO_2 capture and storage[J]. Energy technology,2017,5(8):1195-1199.

[134] VELUSWAMY H P, KUMAR A, KUMAR R, et al. An innovative approach to enhance methane hydrate formation kinetics with leucine for energy storage application[J]. Applied energy, 2017, 188: 190-199.

[135] VELUSWAMY H P, LEE P Y, PREMASINGHE K, et al. Effect of biofriendly amino acids on the kinetics of methane hydrate formation and dissociation[J]. Industrial and engineering chemistry research, 2017, 56(21): 6145-6154.

[136] PRASAD P S R, SAI KIRAN B. Clathrate hydrates of greenhouse gases in the presence of natural amino acids: storage, transportation and separation applications[J]. Scientific reports, 2018, 8: 8560.

[137] BHATTACHARJEE G, CHOUDHARY N, KUMAR A, et al. Effect of the amino acid l-histidine on methane hydrate growth kinetics[J]. Journal of natural gas science and engineering, 2016, 35: 1453-1462.

[138] JEENMUANG K, VIRIYAKUL C, INKONG K, et al. Enhanced hydrate formation by natural-like hydrophobic side chain amino acids at ambient temperature: a kinetics and morphology investigation[J]. Fuel, 2021, 299: 120828.

[139] 刘政文. 氨基酸促进二氧化碳水合物形成动力学研究[D]. 广州:华南理工大学, 2020.

[140] 陈玉龙. 氨基酸促进甲烷水合物形成的机理研究[D]. 广州:华南理工大学, 2016.

[141] LI R, SUN Z G, SONG J. Enhancement of hydrate formation with amino acids as promoters[J]. Journal of molecular liquids, 2021, 344: 117880.

[142] KANG SP, SEO Y, JANG W. Kinetics of methane and carbon dioxide hydrate formation in silica gel pores[J]. Energy and fuels, 2009, 23(7): 3711-3715.

[143] 臧小亚, 梁德青, 樊栓狮. 3A型分子筛对四氢呋喃水合物分解的影响[J]. 制冷学报, 2007, 28(6): 29-34.

[144] HEYDARI A, PEYVANDI K. Role of metallic porous media and surfactant on kinetics of methane hydrate formation and capacity of gas storage[J]. Journal of petroleum science and engineering, 2019, 181: 106235.

[145] LI D L, SHENG S M, ZHANG Y, et al. Effects of multiwalled carbon nanotubes on CH_4 hydrate in the presence of tetra- n-butyl ammonium bromide[J]. RSC advances, 2018, 8(18): 10089-10096.

[146] RAHMATI A M, MANTEGHIAN M, PAHLAVANZADEH H. Experimental and theoretical investigation of methane hydrate induction time in the presence of triangular silver nanoparticles[J]. Chemical engineering research and design, 2017, 120: 325-332.

[147] 靳远, 米雪源, 马贵阳, 等. 多孔介质与SDS复配对甲烷水合物生成的影响[J]. 精细石油化工, 2020, 37(3): 47-51.

[148] 刘志明, 商丽艳, 潘振, 等. 多孔介质与SDS复配体系中天然气水合物生成过程分析

[J]. 化工进展，2018，37(6)：2203-2213.

[149] WU Y，SHANG L，PAN Z，et al. Gas hydrate formation in the presence of mixed surfactants and alumina nanoparticles [J]. Journal of natural gas science and engineering，2021，94：104049.

[150] ZHANG Z E，LIU Z M，PAN Z，et al. Effect of porous media and its distribution on methane hydrate formation in the presence of surfactant[J]. Applied energy，2020，261：114373.

[151] 苏向东，梁海峰，郭迎，等. 多孔介质＋THF＋TBAB 体系低浓度煤层气水合物合成正交实验[J]. 天然气化工（C1 化学与化工），2016，41(4)：29-32，62.

[152] YANG M J，JING W，WANG P F，et al. Effects of an additive mixture（THF＋TBAB）on CO_2 hydrate phase equilibrium[J]. Fluid phase equilibria，2015，401：27-33.

[153] TORRÉ J P，RICAURTE M，DICHARRY C，et al. CO_2 enclathration in the presence of water-soluble hydrate promoters：hydrate phase equilibria and kinetic studies in quiescent conditions[J]. Chemical engineering science，2012，82：1-13.

[154] 庞博. 低浓度煤矿抽采瓦斯水合分离相平衡热力学实验研究[D]. 哈尔滨：黑龙江科技学院，2011.

[155] 孙栋军. 水合物法提纯低浓度煤层气的实验研究[D]. 重庆：重庆大学，2015.

[156] ZHONG D L，SUN D J，LU Y Y，et al. Adsorption-hydrate hybrid process for methane separation from a $CH_4/N_2/O_2$ gas mixture using pulverized coal particles [J]. Industrial and engineering chemistry research，2014，53(40)：15738-15746.

[157] 王家乐. 采用气体水合物法分离 CO_2/H_2 混合气的反应动力学实验研究[D]. 重庆：重庆大学，2016.

[158] 叶洋. TBAB 体系水合物法提纯低浓度含氧煤层气的实验研究及过程模拟[D]. 重庆：重庆大学，2012.

[159] 王文春. 采用水合物法高效分离低浓度煤层气的实验研究[D]. 重庆：重庆大学，2017.

[160] 李淇. 水合物法分离沼气中二氧化碳研究[D]. 重庆：华南理工大学，2017.

[161] 王黎光，刘芹，冯俊琨. 静电喷雾雾滴荷电特性的试验与探索[J]. 南方农机，2020，51(17)：13-15.

[162] 赵建忠，赵阳升，石定贤. 喷雾法合成气体水合物的实验研究[J]. 辽宁工程技术大学学报，2006，25(2)：286-289.

[163] 孙志高，石磊，樊栓狮，等. 气体水合物相平衡测定方法研究[J]. 石油与天然气化工，2001，30(4)：164-166.

[164] 丁坤. 气体水合物法分离煤层气及 IGCC 燃气的热力学与动力学特性研究[D]. 重庆：重庆大学，2018 .

[165] 潘云仙，刘道平，黄文件，等. 气水合物形成时的诱导时间定义辨析[J]. 上海理工大学

学报,2006,28(1):1-4.

[166] KASHCHIEV D, FIROOZABADI A. Nucleation of gas hydrates[J]. Journal of crystal growth,2002,243(3/4):476-489.

[167] KASHCHIEV D, FIROOZABADI A. Induction time in crystallization of gas hydrates[J]. Journal of crystal growth,2003,250(3/4):499-515.

[168] US DEPARTMENT OF COMMERCE,NIST. Virial coefficients of pure gases[M]. [S. l. :s. n.],2002.

[169] PARK S S,AN E J,LEE S B,et al. Characteristics of methane hydrate formation in carbon nanofluids[J]. Journal of industrial and engineering chemistry,2012,18(1):443-448.

[170] PARK S S,LEE S B,KIM N J. Effect of multi-walled carbon nanotubes on methane hydrate formation[J]. Journal of industrial and engineering chemistry,2010,16(4):551-555.

[171] JR SLOAN E D,KOH C A. Clathrate hydrates of natural gases[M]. 3rd edition. [S. l. :s. n.],2008.

[172] PENG D Y,ROBINSON D B. A new two-constant equation of state[J]. Industrial and engineering chemistry fundamentals,1976,15(1):59-64.

[173] MUNCK J, SKJOLD-JØRGENSEN S, RASMUSSEN P. Computations of the formation of gas hydrates[J]. Chemical engineering science, 1988, 43(10):2661-2672.

[174] PARRISH W R,PRAUSNITZ J M. Dissociation pressures of gas hydrates formed by gas mixtures[J]. Industrial and engineering chemistry process design and development,1972,11(1):26-35.

[175] MOHAMMADI A,MANTEGHIAN M,HAGHTALAB A,et al. Kinetic study of carbon dioxide hydrate formation in presence of silver nanoparticles and SDS[J]. Chemical engineering journal,2014,237:387-395.

[176] LÜ R Q,LIN J,LU Y K,et al. The comparison of cation-anion interactions of phosphonium- and ammonium-based ionic liquids: a theoretical investigation[J]. Chemical physics letters,2014,597:114-120.

[177] CARVALHO P J,VENTURA S P M,BATISTA M L S,et al. Understanding the impact of the central atom on the ionic liquid behavior:phosphonium vs ammonium cations[J]. The journal of chemical physics,2014,140(6):064505.

[178] OYAMA H,SHIMADA W,EBINUMA T,et al. Phase diagram,latent heat,and specific heat of TBAB semiclathrate hydrate crystals[J]. Fluid phase equilibria,2005,234(1/2):131-135.

[179] DYADIN Y A,UDACHIN K A. Clathrate formation in water-peralkylonium salts systems[J]. Journal of inclusion phenomena,1984,2(1):61-72.

[180] ARJMANDI M, CHAPOY A, TOHIDI B. Equilibrium data of hydrogen, methane, nitrogen, carbon dioxide, and natural gas in semi-clathrate hydrates of tetrabutyl ammonium bromide[J]. Journal of chemical and engineering data, 2007, 52(6): 2153-2158.

[181] SHIMADA W, SHIRO M, KONDO H, et al. Tetra-n-butylammonium bromide-water (1/38)[J]. Acta crystallographica section C crystal structure communications, 2005, 61(2): 65-66.

[182] KOMATSU H, HAYASAKA A, OTA M, et al. Measurement of pure hydrogen and pure carbon dioxide adsorption equilibria for THF clathrate hydrate and tetra-n-butyl ammonium bromide semi-clathrate hydrate[J]. Fluid phase equilibria, 2013, 357: 80-85.

[183] JOSHI A, SANGWAI J S, DAS K, et al. Experimental investigations on the phase equilibrium of semiclathrate hydrates of carbon dioxide in TBAB with small amount of surfactant[J]. International journal of energy and environmental engineering, 2013, 4(1): 1-8.

[184] CARDOSO P F, FERNANDEZ J S L C, LEPRE L F, et al. Molecular dynamics simulations of polyethers and a quaternary ammonium ionic liquid as CO_2 absorbers [J]. The journal of chemical physics, 2018, 148(13): 134908.

[185] SEYEDHOSSEINI B, IZADYAR M, HOUSAINDOKHT M R. A computational exploration of H_2S and CO_2 capture by ionic liquids based on α-amino acid anion and N_7, N_9-dimethyladeninium cation[J]. The journal of physical chemistry A, 2017, 121(22): 4352-4362.

[186] SHI W, MAGINN E J. Molecular simulation and regular solution theory modeling of pure and mixed gas absorption in the ionic liquid 1-n-hexyl-3-methylimidazolium bis (trifluoromethylsulfonyl) amide ([hmim][Tf_2N]) [J]. The journal of physical chemistry B, 2008, 112(51): 16710-16720.

[187] VELARDE M V, GALLO M, ALONSO P A, et al. DFT study of the energetic and noncovalent interactions between imidazolium ionic liquids and hydrofluoric acid[J]. The journal of physical chemistry B, 2015, 119(15): 5002-5009.

[188] PLIMPTON S. Fast parallel algorithms for short-range molecular dynamics[J]. Journal of computational physics, 1995, 117(1): 1-19.

[189] EVANS D J, HOLIAN B L. The nose-hoover thermostat[J]. The journal of chemical physics, 1985, 83(8): 4069-4074.

[190] CLADEK B R, EVERETT S M, MCDONNELL M T, et al. Guest-host interactions in mixed CH_4-CO_2 hydrates: insights from molecular dynamics simulations[J]. The journal of physical chemistry C, 2018, 122(34): 19575-19583.

[191] ALADKO L S, DYADIN Y A, RODIONOVA T V, et al. Clathrate hydrates of

tetrabutylammonium and tetraisoamylammonium halides[J]. Journal of structural chemistry,2002,43(6):990-994.

[192] SHIN K, CHA J H, SEO Y, et al. Physicochemical properties of ionic clathrate hydrates[J]. Chemistry-an Asian journal,2010,5(1):22-34.

[193] DONGRE H J, THAKRE N, PALODKAR A V, et al. Carbon dioxide hydrate growth dynamics and crystallography in pure and saline water[J]. Crystal growth and design,2020,20(11):7129-7140.

[194] 苟倩. 基于分子动力学模拟的甲烷水合物生成与分解过程影响因素研究[D]. 成都:西南石油大学,2019.

[195] SMITH J M, VAN NESS H C, ABBOTT M M. Introduction to chemical engineering thermodynamics[M]. [S. l. :s. n.],1975.

[196] 位亚南. 固态离子液体捕集 CO_2、CH_4溶解度实验与微观机理研究[D]. 焦作:河南理工大学,2018.

[197] ZENG S J, ZHANG X P, BAI L, et al. Ionic-liquid-based CO_2 capture systems: structure, interaction and process[J]. Chemical reviews,2017,117(14):9625-9673.

[198] SHANNON M S, TEDSTONE J M, DANIELSEN S P O, et al. Free volume as the basis of gas solubility and selectivity in imidazolium-based ionic liquids [J]. Industrial and engineering chemistry research,2012,51(15):5565-5576.

[199] NASHED O, DADEBAYEV D, KHAN M S, et al. Experimental and modelling studies on thermodynamic methane hydrate inhibition in the presence of ionic liquids [J]. Journal of molecular liquids,2018,249:886-891.

[200] CHA M J, LEE H E, LEE J W. Thermodynamic and spectroscopic identification of methane inclusion in the binary heterocyclic compound hydrates[J]. The journal of physical chemistry C,2013,117(45):23515-23521.

[201] SHIN W, PARK S, RO H, et al. Phase equilibrium measurements and the tuning behavior of new s Ⅱ clathrate hydrates [J]. The journal of chemical thermodynamics,2012,44(1):20-25.

[202] SA J H, LEE B R, PARK D H, et al. Amino acids as natural inhibitors for hydrate formation in CO_2 sequestration[J]. Environmental science and technology, 2011, 45(13):5885-5891.

[203] SA J H, KWAK G H, LEE B R, et al. Hydrophobic amino acids as a new class of kinetic inhibitors for gas hydrate formation[J]. Scientific reports,2013,3:2428.

[204] 赵云霞,钟秦. L-精氨酸水溶液循环吸收与解吸 CO_2实验研究[J]. 中国电机工程学报,2011,31(35):84-89.

[205] SHEN S F, YANG Y N, ZHAO Y, et al. Reaction kinetics of carbon dioxide absorption into aqueous potassium salt of histidine[J]. Chemical engineering science,2016,146: 76-87.

[206] ROOSTA H,DASHTI A,MAZLOUMI S H,et al. Inhibition properties of new amino acids for prevention of hydrate formation in carbon dioxide-water system: experimental and modeling investigations[J]. Journal of molecular liquids,2016,215:656-663.
[207] KELLAND M A. History of the development of low dosage hydrate inhibitors[J]. Energy and fuels,2006,20(3):825-847.
[208] 刘志辉,罗强,张贺恩,等. 泡状流下氨基酸对甲烷水合物形成过程的动力学抑制模拟[J]. 中南大学学报(自然科学版),2022,53(3):799-809.
[209] LEE D,GO W,SEO Y. Synergistic kinetic inhibition of amino acids and ionic liquids on CH_4 hydrate for flow assurance[J]. Fuel,2020,263:116689.
[210] XU Z,SUN Q,WANG Y W,et al. Experimental and modelling study on the effect of maltose as a green additive on methane hydrate[J]. The journal of chemical thermodynamics,2020,144:105980.
[211] ADISASMITO S,FRANK R J,JR SLOAN E D. Hydrates of carbon dioxide and methane mixtures[J]. Journal of chemical and engineering data,1991,36(1):68-71.
[212] HU Y,WANG S,HE Y. Interaction of amino acid functional group with water molecule on methane hydrate growth[J]. Journal of natural gas science and engineering,2021,93:104066.
[213] NAKAMURA T,MAKINO T,SUGAHARA T,et al. Stability boundaries of gas hydrates helped by methane:structure-H hydrates of methylcyclohexane and cis-1,2-dimethylcyclohexane[J]. Chemical engineering science,2003,58(2):269-273.
[214] JAGER M D,DE DEUGD R M,PETERS C J,et al. Experimental determination and modeling of structure II hydrates in mixtures of methane+water+1,4-dioxane[J]. Fluid phase equilibria,1999,165(2):209-223.
[215] BHATTACHARJEE G,GOH M N,ARUMUGANAINAR S E K,et al. Ultra-rapid uptake and the highly stable storage of methane as combustible ice[J]. Energy and environmental science,2020,13(12):4946-4961.
[216] 钟栋梁,杨晨,刘道平,等. 喷雾反应器中二氧化碳水合物的生长实验研究[J]. 过程工程学报,2010,10(2):309-313.
[217] 李刚,刘道平,肖杨,等. CO_2 水合物喷雾合成的生长特性实验研究[J]. 上海理工大学学报,2009,31(3):213-217.
[218] 叶楠. 季盐类水合物相平衡条件及生长动力学研究[D]. 上海:上海交通大学,2014.
[219] 郭勇. 甲烷水合物异相成核过程研究[D]. 成都:西南石油大学,2018.
[220] LEE J,SHIN C,LEE Y. Experimental investigation to improve the storage potentials of gas hydrate under the unstirring condition[J]. Energy and fuels,2010,24(2):1129-1134.
[221] VEGIRI A. Reorientational relaxation and rotational-translational coupling in water clusters in a d. c. external electric field[J]. Journal of molecular liquids,2004,110(1/

2/3):155-168.

[222] VEGIRI A,SCHEVKUNOV S V. A molecular dynamics study of structural transitions in small water clusters in the presence of an external electric field[J]. The journal of chemical physics,2001,115(9):4175-4185.

[223] SHEVKUNOV S V,VEGIRI A. Electric field induced transitions in water clusters [J]. Journal of molecular structure:THEOCHEM,2002,593(1/2/3):19-32.

[224] 杨涛,吉俊懿,邓俊,等. 外场作用下 CO_2 分子结构及特性研究[J]. 四川大学学报(自然科学版),2021,58(5):104-110.

[225] SUN W,CHEN Z,HUANG S Y. Effect of an external electric field on liquid water using molecular dynamics simulation with a flexible potential[J]. Journal of Shanghai University(english edition),2006,10(3):268-273.

[226] WEI S,ZHONG C,SU-YI H. Molecular dynamics simulation of liquid water under the influence of an external electric field[J]. Molecular simulation,2005,31(8):555-559.

[227] GRAGSON D E,MCCARTY B M,RICHMOND G L. Ordering of interfacial water molecules at the charged air/water interface observed by vibrational sum frequency generation[J]. Journal of the American chemical society,1997,119(26):6144-6152.

[228] SKOVBORG P,RASMUSSEN P. A mass transport limited model for the growth of methane and ethane gas hydrates[J]. Chemical engineering science,1994,49(8):1131-1143.